应用泛函分析

赵君喜　编著

东南大学出版社
SOUTHEAST UNIVERSITY PRESS
·南京·

内 容 提 要

本书是工科研究生泛函分析入门教材，主要内容包括预备知识、赋范线性空间、Hilbert空间与共轭算子、算子的谱与紧算子、非线性映射的微分与变分基础等5章。全书在选材上尽可能做到注重基本概念，简化或省去了一些理论性强但不太常用的内容，略去了一些定理的冗长证明；同时，尽可能体现出泛函分析的应用性，书中选取的例题较多，并结合不同内容给出了一些有应用背景的实例。

本书内容通俗易懂，便于学生自学，既可作为工科研究生，尤其是与信息科学专业相关的研究生的泛函分析教材，也可供相关老师及科技工作人员参考。

图书在版编目(CIP)数据

应用泛函分析 / 赵君喜编著. — 南京 ：东南大学出版社，2021.6

ISBN 978-7-5641-9539-7

Ⅰ. ①应… Ⅱ. ①赵… Ⅲ. ①泛函分析 Ⅳ. ①O177

中国版本图书馆CIP数据核字(2021)第098323号

应用泛函分析 Yingyong Fanhan Fenxi

编　　著	赵君喜
出版发行	东南大学出版社
社　　址	南京市四牌楼2号(邮编:210096)
出 版 人	江建中
责任编辑	吉雄飞(025-83793169,597172750@qq.com)
经　　销	全国各地新华书店
印　　刷	南京京新印刷有限公司
开　　本	700 mm×1000 mm 1/16
印　　张	8.5
字　　数	167千字
版　　次	2021年6月第1版
印　　次	2021年6月第1次印刷
书　　号	ISBN 978-7-5641-9539-7
定　　价	30.00元

前　言

泛函分析是20世纪发展起来的一个重要的数学分支，其概念和方法已渗透到数学和许多自然科学和工程技术领域。泛函分析已成为从事科学研究和工程应用人员的重要基础知识。

作为一个成熟的数学分支，泛函分析包含的内容十分丰富。然而，传统的泛函分析内容对大多非数学专业的理工科学生来说，显得过于抽象化和理论化，学起来非常吃力，也不实用。尤其对于大部分工科研究生来说，泛函分析只是一种数学基础和工具。因此，以应用为目的进行选材，强调基本概念和基本方法，进行泛函教材编写是一种有意义的尝试。

本书是在理工科研究生《应用泛函分析》讲义的基础上撰写的。尽管现有的泛函分析教材已非常多，但适合工科研究生，尤其是与信息科学专业相关的研究生的泛函分析教材却不多。本书作为一种尝试和探索，编写中有两点考虑：一是许多学生没有实变函数基础，只有大学微积分和线性代数基础，因此在叙述上尽可能通俗易懂，在选材上尽可能做到注重基本概念，简化或省去了一些理论性强但不太常用的内容，略去了一些定理的冗长证明；二是尽可能体现出泛函分析的应用性，因此书中选取的例题较多，并结合不同内容给出了一些有应用背景的实例。

本书包含5章内容。第1章包括几个重要不等式、数集性质、Lebesgue积分概要和Fourier分析基础等内容，作为知识的过渡和后续学习需要；第2章包括赋范线性空间的基本概念与性质、有限维赋范线性空间、线性算子、线性泛函和压缩不动点等内容，没有涉及赋范线性空间的自反性、弱收敛和更多线性算子理论等内容，同时，对泛函延拓定理、一致有界原理、逆算子定理等也仅只作概略性说明或省略；第3章包括Hilbert空间的经典内容和Hilbert空间共轭算子概念，还编入了一些小波基和信号处理内容；第4章在线性算子谱基础上，介绍了紧算子谱和紧算子的表示；第5章介绍了非线性映射的微分和变分初步，拓展了泛函的应用场景。

本书作为工科研究生泛函分析入门教材，所选内容精简，所含例题较多，并配有一定量的习题，所有内容可在40课时学完。取材方面尽力体现信息学科特性，除了函数的最佳逼近之外，还把小波基和信号插值定理作为 Hilbert 空间正交基的应用实例，把信号 K-L 的变换和长椭球波作为紧算子的应用。

本书编写过程中得到部分老师和学生的帮助，编者在此一并表示衷心的感谢，也特别感谢东南大学出版社吉雄飞编辑给予的巨大帮助。

由于编者的学识所限，书中不完善、错误和欠妥之处在所难免，恳请专家和读者批评指正。

编者

2021 年 3 月

目　录

1　预备知识

1.1　几个重要不等式

1）三角不等式

对于任意常数 $a, b \in \mathbf{R}$，有

$$|a+b| \leqslant |a| + |b|, \quad |a-b| \geqslant ||a| - |b||.$$

2）Young 不等式

共轭指标：设 $p > 1, q > 1$，若 $\frac{1}{p} + \frac{1}{q} = 1$，则称 p 与 q 为一对共轭指标.

引理 1.1.1（Hölder）　设 p, q 为一对共轭指标，对任意实数 $a, b > 0$，则有

$$ab \leqslant \frac{1}{p}a^p + \frac{1}{q}b^q. \tag{1.1.1}$$

证明　令 $y = x^{p-1}, x \geqslant 0$，则反函数 $x = y^{q-1}, y \geqslant 0$. 由图 1.1 可知

$$ab \leqslant \int_0^a x^{p-1}\mathrm{d}x + \int_0^b y^{q-1}\mathrm{d}y = \frac{1}{p}a^p + \frac{1}{q}b^q. \qquad \square$$

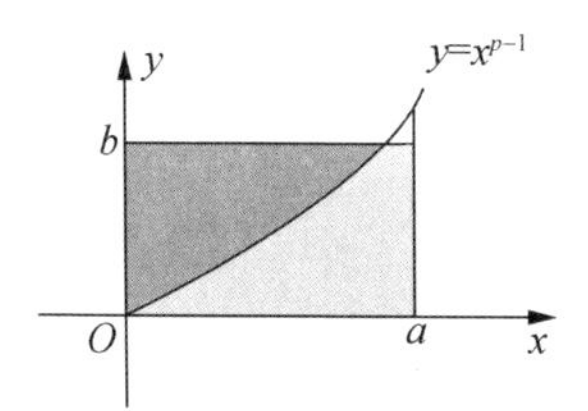

图 1.1

注：由证明可知，等号成立的充要条件是 $b = a^{p-1}$. 另外，式(1.1.1) 也可以利用凸函数性质给出证明. 即令

$$f(x) = \ln x, \quad f''(x) = -\frac{1}{x^2},$$

显然 $f(x)$ 在 $(0, \infty)$ 上为上凸函数，则

$$\ln\left(\frac{1}{p}a^p + \frac{1}{q}b^q\right) \geqslant \frac{1}{p}\ln a^p + \frac{1}{q}\ln b^q = \ln ab,$$

所以

$$ab \leqslant \frac{1}{p}a^p + \frac{1}{q}b^q.$$

3）Hölder 不等式

定理 1.1.2 设 p,q 为一对共轭指标，$x_k,y_k\in\mathbf{R}(k=1,2,\cdots,n)$，$n$ 为任意一正整数，则

$$\sum_{k=1}^{n}|x_ky_k|\leqslant\left(\sum_{k=1}^{n}|x_k|^p\right)^{1/p}\left(\sum_{k=1}^{n}|y_k|^q\right)^{1/q}. \tag{1.1.2}$$

证明 如果 $\sum_{k=1}^{n}|x_k|^p=0$ 或 $\sum_{k=1}^{n}|y_k|^q=0$，则式(1.1.2)显然成立，因此可设 $\sum_{k=1}^{n}|x_k|^p\neq0$，$\sum_{k=1}^{n}|y_k|^q\neq0$. 令

$$a_k=\frac{x_k}{\left(\sum_{k=1}^{n}|x_k|^p\right)^{1/p}},\quad b_k=\frac{y_k}{\left(\sum_{k=1}^{n}|y_k|^q\right)^{1/q}},$$

由 Young 不等式，可得

$$|a_kb_k|\leqslant\frac{|x_k|^p}{p\left(\sum_{k=1}^{n}|x_k|^p\right)}+\frac{|y_k|^q}{q\left(\sum_{k=1}^{n}|y_k|^q\right)},\quad 1\leqslant k\leqslant n,$$

从而

$$\sum_{k=1}^{n}|a_kb_k|\leqslant\frac{\sum_{k=1}^{n}|x_k|^p}{p\left(\sum_{k=1}^{n}|x_k|^p\right)}+\frac{\sum_{k=1}^{n}|y_k|^q}{q\left(\sum_{k=1}^{n}|y_k|^q\right)}=1,$$

得证. □

注：当 $p=q=2$ 时，Hölder 不等式也称作 Cauchy-Schwarz 不等式.

4）Minkowski 不等式

定理 1.1.3 设 $p>1$，$x_k,y_k\in\mathbf{R}(k=1,2,\cdots,n)$，$n$ 为任意一正整数，则

$$\left(\sum_{k=1}^{n}|x_k+y_k|^p\right)^{1/p}\leqslant\left(\sum_{k=1}^{n}|x_k|^p\right)^{1/p}+\left(\sum_{k=1}^{n}|y_k|^p\right)^{1/p}.$$

证明 取 q 为 p 的共轭指标，则

$$\begin{aligned}\sum_{k=1}^{n}|x_k+y_k|^p&\leqslant\sum_{k=1}^{n}|x_k||x_k+y_k|^{p-1}+\sum_{k=1}^{n}|y_k||x_k+y_k|^{p-1}\\&\leqslant\left(\sum_{k=1}^{n}|x_k|^p\right)^{1/p}\left(\sum_{k=1}^{n}|x_k+y_k|^{(p-1)q}\right)^{1/q}\\&\quad+\left(\sum_{k=1}^{n}|y_k|^p\right)^{1/p}\left(\sum_{k=1}^{n}|x_k+y_k|^{(p-1)q}\right)^{1/q},\end{aligned}$$

即

$$\sum_{k=1}^{n}|x_k+y_k|^p\leqslant\left[\left(\sum_{k=1}^{n}|x_k|^p\right)^{1/p}+\left(\sum_{k=1}^{n}|y_k|^p\right)^{1/p}\right]\left(\sum_{k=1}^{n}|x_k+y_k|^p\right)^{1/q},$$

所以

$$\left(\sum_{k=1}^{n}|x_k+y_k|^p\right)^{1/p}\leqslant\left(\sum_{k=1}^{n}|x_k|^p\right)^{1/p}+\left(\sum_{k=1}^{n}|y_k|^p\right)^{1/p}. \qquad \square$$

注：Hölder 不等式和 Minkowski 不等式的无穷级数形式也成立.

(1) 当 $\sum_{k=1}^{\infty}|x_k|^p<\infty$，$\sum_{k=1}^{\infty}|y_k|^q<\infty$ 时，

$$\sum_{k=1}^{\infty}|x_ky_k|\leqslant\left(\sum_{k=1}^{\infty}|x_k|^p\right)^{1/p}\left(\sum_{k=1}^{\infty}|y_k|^q\right)^{1/q};$$

(2) 对 $1\leqslant p$，当 $\sum_{k=1}^{\infty}|x_k|^p<\infty$，$\sum_{k=1}^{\infty}|y_k|^p<\infty$ 时，

$$\left(\sum_{k=1}^{\infty}|x_k+y_k|^p\right)^{1/p}\leqslant\left(\sum_{k=1}^{\infty}|x_k|^p\right)^{1/p}+\left(\sum_{k=1}^{\infty}|y_k|^p\right)^{1/p}.$$

5) 积分形式的 Hölder 不等式与 Minkowski 不等式

定理 1.1.4 设 I 为任意一个区间，$p>1$，$q>1$ 为一对共轭指标，则

(1) 当 $[x(t)]^p$，$[y(t)]^q$ 在 I 上可积时，

$$\int_I|x(t)y(t)|\,\mathrm{d}t\leqslant\left(\int_I|x(t)|^p\mathrm{d}t\right)^{1/p}\left(\int_I|y(t)|^q\mathrm{d}t\right)^{1/q};$$

(2) 当 $[x(t)]^p$，$[y(t)]^p$ 在 I 上可积时，

$$\left(\int_I|x(t)+y(t)|^p\mathrm{d}t\right)^{1/p}\leqslant\left(\int_I|x(t)|^p\mathrm{d}t\right)^{1/p}+\left(\int_I|y(t)|^p\mathrm{d}t\right)^{1/p}.$$

将积分转化为相应积分和的极限，通过离散 Hölder 不等式和 Minkowski 不等式可证得上述不等式.

1.2 数集的一些性质

1.2.1 可数集与不可数集

为叙述方便，用 $\mathbf{R}$，$\mathbf{Q}$，$\mathbf{Z}$，$\mathbf{N}$，$\mathbf{N}^*$ 分别表示实数集、有理数集、整数集、自然数集和正整数集.

集合元素的数目不都可以用自然数表示，无限集合就需要用特殊的标记表示其元素多少. 把表示集合元素多少的量统称为集合的基数(Cardinal) 或势. 对于无限集合，当两个集合之间存在 1－1(既单又满) 映射时，则约定它们有相同的基数. 若集合 E 与 F 基数不同，而 E 和 F 的一个真子集有相同的基数，则认为 E 的基数小于 F 的基数. 对于无限集合，人们通常还把它们分为可数集和不可数集.

定义 1.2.1(可数集) 设 $E\subset\mathbf{R}$，若 E 的所有元素可排成一个序列，即

$$E=\{a_1,a_2,\cdots,a_n,\cdots\},$$

则称 E 为一个**可数集**.

显然,可数集的元素可以用自然数进行编号. 等价地说,E 是**可数的**当且仅当存在一个 1-1 映射 $\varphi:\mathbf{N}\to E$. 可见,与自然数集的基数相同的集合是可数的. 例如,$\mathbf{Z},2\mathbf{Z},\mathbf{N},\mathbf{N}^*$ 都是可数的.

若无限集合 E 不是可数集,则称 E 是不可数的. 例如 $\mathbf{R}$ 与 $(a,b)(a<b)$ 是不可数的(证明见后). 通常,人们把可数集的基数记为 $\aleph_0$,$\mathbf{R}$ 的基数记为 c. 易知任何区间 $(a,b)(a<b)$ 的基数都等于 c,且 $\aleph_0<c$.

1.2.2 可数集的性质

命题 1.2.1

(1) 可数集合的无限子集合是可数的;

(2) 可数集合增加或减少有限个元素仍然是可数的;

(3) 有限或可数个可数集合的并是可数的;

(4) 有理数集合 $\mathbf{Q}$ 是可数的;

(5) 任何区间是不可数的.

证明 (1) 和(2) 是明显成立的.

对于(3),设

$$E_n=\{r_{n1},r_{n2},\cdots\},\quad n=1,2,3,\cdots$$

是一列可数集. 如图 1.2 所示,将它们的元素排列成一个数列(这里我们默认不同集合的元素不同,若出现相同元素排列时删除后面的元素). 这样,可知 $\bigcup\limits_{n=1}^{\infty}E_n$ 的元素排成一个序列,从而它是可数的.

特别地,由 $\mathbf{Q}=\bigcup\limits_{n=1}^{\infty}\left\{\dfrac{m}{n}\middle|m\in\mathbf{Z}\right\}$ 可知,有理数集 $\mathbf{Q}$ 是可数的,所以(4) 成立.

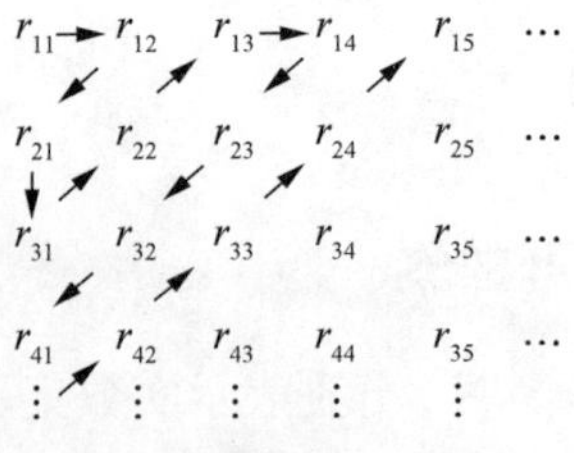

$$\begin{array}{cccccc}
r_{11} & r_{12} & r_{13} & r_{14} & r_{15} & \cdots \\
r_{21} & r_{22} & r_{23} & r_{24} & r_{25} & \cdots \\
r_{31} & r_{32} & r_{33} & r_{34} & r_{35} & \cdots \\
r_{41} & r_{42} & r_{43} & r_{44} & r_{35} & \cdots \\
\vdots & \vdots & \vdots & \vdots & \vdots &
\end{array}$$

图 1.2

下证(5). 因任何两个开区间之间存在 1-1 映射是容易的,故不妨证明(0,1) 是不可数的. 用反证法,假设(0,1) 是可数的,令 $(0,1)=\{r_1,r_2,\cdots,r_n,\cdots\}$.

将 $r_1,r_2,\cdots,r_n,\cdots$ 分别表示成二进制小数(不出现连 1 无限循环):

$$\begin{gathered}
r_1=0.a_{11}a_{12}\cdots a_{1n}\cdots,\\
r_2=0.a_{21}a_{22}\cdots a_{2n}\cdots,\\
\vdots\\
r_n=0.a_{n1}a_{n2}\cdots a_{nn}\cdots,\\
\vdots
\end{gathered}$$

对 $n \geqslant 1$,当 $a_{nn}=1$ 时,令 $b_n=0$;当 $a_{nn}=0$ 时,$b_n=1$. 记 $a=0.b_1b_2\cdots b_n\cdots$. 显然 a 不同于 $r_1,r_2,\cdots,r_n,\cdots$ 中任何一个(a 与 r_n 在第 n 个小数位不同),但 $a\in(0,1)$,与 $(0,1)=\{r_1,r_2,\cdots,r_n,\cdots\}$ 矛盾. 所以 $(0,1)$ 是不可数的. □

1.2.3 实数域的完备性

实数极限的一个基本问题是数列极限的存在问题,而 Cauchy 准则是实数极限理论的基石.

定义 1.2.2(Cauchy 列) 设 $\{x_n\}_{n=1}^{\infty}$ 为一个实数列,如果对于任意的 $\varepsilon>0$,存在 $N_\varepsilon\in\mathbf{N}^*$ 使得当 $m,n>N_\varepsilon$ 时,$|x_m-x_n|<\varepsilon$,则称 $\{x_n\}_{n=1}^{\infty}$ 为一个 **Cauchy 列或基本列.**

用极限的语言,$\{x_n\}_{n=1}^{\infty}$ 是 Cauchy 列,当且仅当

$$\lim_{n,m\to\infty}(x_n-x_m)=0.$$

Cauchy 准则 实数列在 $\mathbf{R}$ 中存在极限当且仅当它是一个 Cauchy 列.

Cauchy 准则也称为 Cauchy 原理,给出了收敛实数序列的形态. Cauchy 准则是实数集的一个本质属性,这种属性还体现在其它几个等价命题上:确界原理、聚点原理、闭区间套原理、单调原理. 人们把实数集拥有 Cauchy 准则的特性称作实数域的完备性. 实数域的完备性也保证了实数集对极限运算的封闭性.

有限实数集是有界的. 有限实数集必然包含最大和最小元素,但无限实数集却不一定包含最大或最小元. 例如 $E=(0,1)$ 不包含最大和最小元. 很明显,有限实数集的最大元是它最小的上界,最小元是最大的下界. 用这种观点,可引入任何实数集的上确界和下确界.

对于非空集合 $E\subset\mathbf{R}$,若对任意的 $x\in E$,有 $x\leqslant\alpha$,则称 α 为 E 的一个上界. 若 λ 为 E 的一个的最小上界,即对任意 $\varepsilon>0$,$\lambda-\varepsilon$ 不是 E 的上界,则称 λ 为 E 的上确界,记为 $\sup E$. 同理定义一个集合 E 的最大下界为 E 的下确界,记为 $\inf E$. 那么对 $\mathbf{R}$ 的一个有上界或下界的非空集合 E,$\sup E$ 或 $\inf E$ 作为一个实数是否存在就是一个基本问题.

确界原理 任何非空有上(下)界的实数集在 $\mathbf{R}$ 中存在上(下)确界.

1.2.4 有理数在实数域中的稠密性

命题 1.2.2 任何一个实数都是有理数序列的极限.

由命题可知,对于任何一个实数 a 及 $r>0$,有

$$(a-r,a+r)\cap\mathbf{Q}\neq\varnothing.$$

这个性质称为 $\mathbf{Q}$ 在 $\mathbf{R}$ 上的稠密性. 可数稠密子集 $\mathbf{Q}$ 使得一些关于实数的问题能化为有理数极限问题.

1.3 Lebesgue 测度与 Lebesgue 积分概要

1902 年法国数学家 Lebesgue 提出一种不基于函数连续性的积分，人们将其命名为 Lebesgue 积分. 不同于 Riemann 积分，Lebesgue 积分的定义可采取对函数值域划分，根本上改变了积分对函数连续性的依赖，使得可积函数类得到极大的扩大，且具有良好的性质. Lebesgue 积分已成为现代数学必备的基础.

我们先直观了解一下一元 Lebesgue 积分和 Riemann 积分定义上的差异. 设有一非负函数 $f(x)$ 定义于$[a,b]$，函数的积分从几何上就是求 $x=a, x=b, y=0$ 以及 $y=f(x)$ 所围成的“曲边”梯形的面积 S.

如图 1.3(a) 所示，Riemann 积分表示为

$$S=\lim_{\lambda\to 0^+}\sum_{i=1}^{n} f(\xi_i)(x_i-x_{i-1}),$$

其中，$a=x_0<x_1<\cdots<x_n=b, \xi_i\in[x_{i-1},x_i), \lambda=\max\limits_i|x_i-x_{i-1}|$.

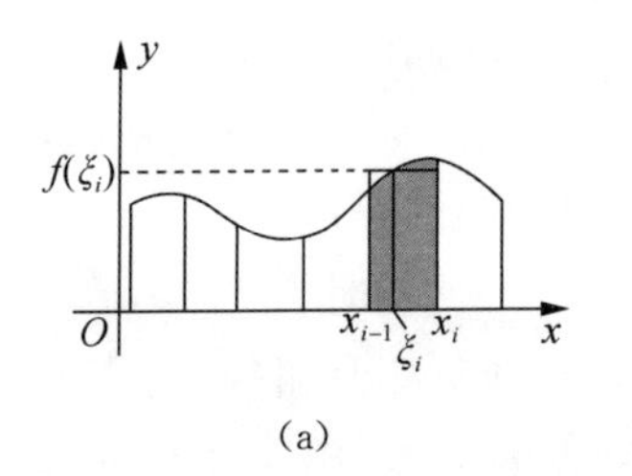

(a)

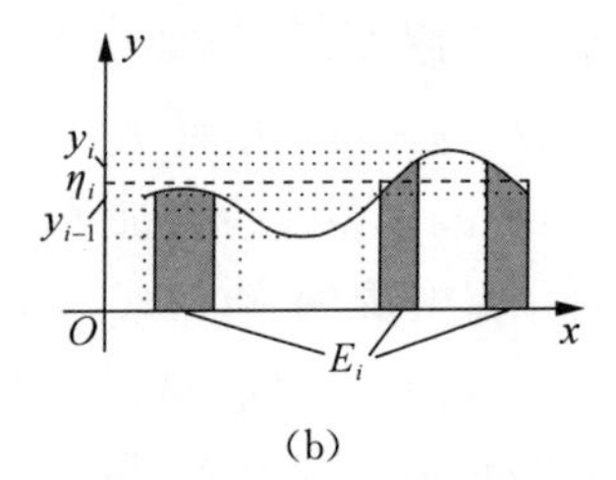

(b)

图 1.3

如图 1.3(b) 所示，Lebesgue 积分为计算 S，将包含函数值域的区间用一些值 $\{y_i\}_{i=0}^m$ 划分，区间$[y_{i-1},y_i)$ 对应一些“曲边” 梯形，它们在 x 轴上对应的部分记为 E_i，即 $E_i=\{x\in[a,b]\mid y_{i-1}\leqslant f(x)<y_i\}$，记其长度为 $m(E_i)$(可以看成组成区间的长度之和). 区间$[y_{i-1},y_i)$ 对应部分面积近似为 $\eta_i m(E_i)$，“曲边” 梯形的面积 S 可表示为

$$S=\lim_{\mu\to 0^+}\sum_{i=1}^{m}\eta_i m(E_i),$$

其中，$\eta_i\in[y_{i-1},y_i), \mu=\max\limits_i|y_i-y_{i-1}|$.

可以看到，Lebesgue 积分的计算要涉及实数集合的“长度”. 对于简单的集合，如有限区间，其长度是容易理解的，但对一般的实数集合，如有理数集、Cantor 集等非直观集合，其长度就难以直观理解，需要进行严格的定义. 因此 Lebesgue 积分的定义必须要将长度的概念拓展到更一般集合上去，即要定义更一般集合的长度(测度).

1.3.1 实数的 Lebesgue 测度

实数集的 Lebesgue 测度实际上是线段的长度概念对一般实数集合的扩展，要对更一般的实数集合定义“长度”. 对于平面和三维实欧氏空间，Lebesgue 测度则要将平面集的面积以及立体的体积定义到更一般的集合. 人们把以长度、面积和体积衡量集合大小的度量统称为 Lebesgue 测度.

对于一个有限开区间 $I=(a,b)$，自然地规定它的 Lebesgue 测度就是 $b-a$，记为 $m(I)=b-a$. 若 $I=\bigcup_n I_n$，其中 $\{I_n\}$ 是不交区间，则 $m(E)=\sum_n m(I_n)$.

为对一般的实数集合定义 Lebesgue 测度，需引入集合的开覆盖. 对于 $E\subset\mathbf{R}$，若存在有限或可数个区间簇 $\mu=\{I_n\mid n\in\Lambda$，其中 $\Lambda\subset\mathbf{N}\}$ 使 $E\subset\bigcup_{n\in\Lambda}I_n$，则称 μ 为 E 的一个**开覆盖**. 定义

$$m^*(E)=\inf\left\{\sum_{I\in\mu}m(I)\,\middle|\,\mu\text{ 为 }E\text{ 的开覆盖}\right\}$$

为集合 E 长度的一种度量. 这种度量实数集合大小的概念被称作外测度. 作为集合大小度量，m^* 必须满足可数可加性：对于互相不交的实数集合列 $E_1,E_2,\cdots$，有

$$m^*\left(\bigcup_{n=1}^{\infty}E_n\right)=\sum_{n=1}^{\infty}m^*(E_n).$$

但外测度对一般集合是不具备可加性的. 因此，人们提出可测集合以保证测度的可加性成立. 希腊数学家 Carthéodory 给出了集合可测条件：若实数集合 E 满足

$$m^*(E)=m^*(A\cap E)+m^*(A^c\cap E)$$

对任意实数集 A 都成立，则满足这样条件的集合就能使外测度的可加性成立. 我们把满足 Carthéodory 条件的集合称为 Lebesgue 可测集(有关可测集更多的性质参见[1]). 可以证明可测集合的有限或可数次运算得到的集合是可测的，任何开区间和闭区间是可测的，开区间和闭区间经过有限或可数次的集合交、并、差、余运算所成的集合都是可测的. 这类集合称作 Borel 集. 满足 $m^*(E)=0$ 的集合 E 是一个零可测集. Borel 集和零可测集经过有限或可数次集合运算形成的集合构成十分广泛的 Lebesgue 可测集.

对于可测集 E，记 $m(E)=m^*(E)$ 为 E 的 Lebesgue 测度. 容易知道，任何可数集的测度为零，如 $\mathbf{Q}$ 的 Lebesgue 测度为零；区间 $[a,b]$，$[a,b)$，$(a,b]$ 的 Lebesgue 测度均为 $b-a$.

下面列举 Lebesgue 测度的一些性质：

(1) 对任何可测集 E，$m(E)\geqslant 0$，$m(\varnothing)=0$；

(2) (单调性) 设 E,F 为两个可测集且 $E\subseteq F$，则 $m(E)\leqslant m(F)$；

(3) (可数可加性) 若 $E_1,E_2,\cdots$ 为一列可测集合且两两不交，则

$$m\left(\bigcup_{n=1}^{\infty}E_n\right)=\sum_{n=1}^{\infty}m(E_n)\quad(\text{约定 }m(\mathbf{R})=\infty).$$

1.3.2 Lebesgue 积分

定义 1.3.1(可测函数) 设函数 f 定义于 $\mathbf{R}$ 的一子集上，若对任意的 $a \in \mathbf{R}$，

$$f^{-1}((-\infty,a)) = \{x \in \mathbf{R} \mid f(x) < a\}$$

是可测的，则称函数 f 是可测的.

由上面的定义，对于一个可测函数 f 及任意实数 a,b 使 $a < b$，$f^{-1}([a,b))$ 和 $f^{-1}((a,b])$ 都是可测的. 由可测集合的广泛性可知可测函数是非常广泛的. Lusin 定理(参见[1])给出了可测函数与连续函数的关系：对有限可测集合 E 上的有界可测函数 f 及任意 $\varepsilon > 0$，存在 $E_0 \subset E$ 使 $m(E_0) < \varepsilon$ 且 f 在 $E \setminus E_0$ 上连续.

定义 1.3.2(Lebesgue 积分) 设 E 是一个可测集，$m(E) < \infty$，$f(x)$ 在 E 上有界且可测. 取 c,d 使当 $x \in E$ 时，$c \leqslant f(x) \leqslant d$. 对 $[c,d]$ 作划分

$$c = y_0 < y_1 < \cdots < y_n = d,$$

记 $E_i = f^{-1}([y_{i-1},y_i))$，任取 $\eta_i \in [y_{i-1},y_i)$，$i = 1,2,\cdots,n$，作积分和

$$\sum_{i=1}^{n} \eta_i m(E_i).$$

记 $\lambda = \max\limits_{i}(y_i - y_{i-1})$. 当增加划分区间个数使 $\lim\limits_{\lambda\to 0}\sum\limits_{i=1}^{n}\eta_i m(E_i)$ 存在且与选取无关时，称 $f(x)$ 在 E 上是可积的，该极限为 $f(x)$ 在 E 上的 Lebesgue 积分，记为

$$(L)\int_E f(x)\mathrm{d}x.$$

注：当 $m(E) = \infty$ 或者 $f(x)$ 在 E 上无界时，可以用极限方式来定义相应的 Lebesgue 积分.

例 1.3.1 设 $E_1,E_2,\cdots,E_n$ 为一列测度有限的不交可测集. 令

$$f(x) = \sum_{i=1}^{n} c_i \chi_{E_i}(x),$$

其中

$$\chi_{E_i}(x) = \begin{cases} 1, & x \in E_i, \\ 0, & x \notin E_i, \end{cases}$$

则 $(L)\int_E f(x)\mathrm{d}x = \sum\limits_{i=1}^{n} c_i m(E_i)$，其中 $E = \bigcup\limits_{i=1}^{n} E_i$.

这种形式的函数 $f(x)$ 称作简单函数(如图 1.4 所示). 由定义，函数 Lebesgue 积分是简单函数 Lebesgue 积分的极限.

下面不加证明地列出 Lebesgue 积分的一些基本性质：

(1) Riemann 可积的函数必 Lebesgue 可积，并且积分值相同；反之不成立.

(2) Riemann 积分的运算性质(可加性、线性等) 对于 Lebesgue 积分都成立.

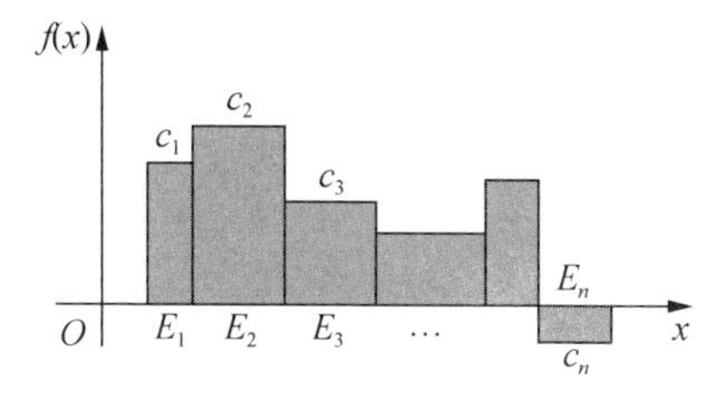

图 1.4

(3) 可测函数 f 在可测集 E 上可积当且仅当 $|f|$ 在 E 上可积.

(4) $\int_E |f(x)| \mathrm{d}x = 0 \Rightarrow$ 存在 $E_0 \subset E, m(E_0) = 0$,使 $f(x) = 0, x \in E \backslash E_0$.
这时称函数 f 在 E 上几乎处处(a. e.)为零.

(5) (**控制收敛定理**) 设 $\{f_n(x)\}$ 是 E 上的一列可测函数.若

① 存在可测函数 $F(x)$ 使得对每个 n, $|f_n(x)| \leqslant F(x)$ a. e. 于 E,且 $F(x)$ 在 E 上可积;

② $\lim\limits_{n\to\infty} f_n(x) = f(x)$ a. e. 于 E,

则 $f(x)$ 在 E 上可积,且

$$\lim_{n\to\infty}\int_E f_n(x)\mathrm{d}x = \int_E \lim_{n\to\infty} f_n(x)\mathrm{d}x = \int_E f(x)\mathrm{d}x.$$

特别地,若 $\lim\limits_{n\to\infty} f_n(x) = f(x)$ a. e. 于 E,且 $\int_E |f(x)| \mathrm{d}x < \infty$,则

$$\lim_{n\to\infty}\int_E f_n(x)\mathrm{d}x = \int_E \lim_{n\to\infty} f_n(x)\mathrm{d}x = \int_E f(x)\mathrm{d}x.$$

(6) (**Fatou 引理**) 设 $\{f_n\}$ 是 E 上非负可积函数列,且 $\lim\limits_{n\to\infty} f_n(x) = f(x)$ 在 E 上 a. e. 成立,则 $f(x)$ 在 E 上可积,且

$$\int_E f(x)\mathrm{d}x \leqslant \overline{\lim_{n\to\infty}}\int_E f_n(x)\mathrm{d}x = \lim_{n\to\infty}\sup_{k\geqslant n}\int_E f_k(x)\mathrm{d}x.$$

(7) (**逐项积分定理**) 设 $\{f_n(x)\}$ 是 E 上的一列可测函数, $\sum\limits_{n=1}^{\infty} f_n(x)$ 在 E 上 a. e. 收敛于 $f(x)$,且 $\int_E |f(x)| \mathrm{d}x < \infty$,则

$$\int_E f(x)\mathrm{d}x = \int_E \left\{\sum_{n=1}^{\infty} f_n(x)\right\}\mathrm{d}x = \sum_{n=1}^{\infty}\int_E f_n(x)\mathrm{d}x.$$

(8) (**Fubini-Tonelli 定理**) 设 A, B 为任意可测集, $f(x,y)$ 在 $A\times B$ 上可测.若

$$\int_{A\times B} |f(x,y)| \mathrm{d}x\mathrm{d}y < \infty,$$

则

$$\int_{A\times B} f(x,y)\mathrm{d}x\mathrm{d}y = \int_A \mathrm{d}x\int_B f(x,y)\mathrm{d}y = \int_B \mathrm{d}y\int_A f(x,y)\mathrm{d}x,$$

即上述三个积分中有任何一个存在则其它都存在且相等.

由上述性质不难看出 Lebesgue 积分有着比 Riemann 积分更好的一些性质,而且 Lebesgue 积分可通过 Riemann 积分来计算.

例 1.3.2 $D(x)$ 为 Dirichlet 函数,$D(x)$ 在 $[0,1]$ 上可积,且 $\int_{[0,1]} D(x)\mathrm{d}x = 0$.

D 是一个简单函数,由例 1.3.1 可知 $D(x)$ 在 $[0,1]$ 上可积,且

$$\int_{[0,1]} D(x)\mathrm{d}x = 0 \cdot m([0,1] \cap \mathbf{Q}^c) + 1 \cdot m([0,1] \cap \mathbf{Q}) = 0.$$

例 1.3.3 试证:$\lim\limits_{n\to\infty}\int_0^1 \dfrac{\sin nx}{nx}\mathrm{d}x = 0$.

证明 由 $\lim\limits_{x\to 0}\dfrac{\sin x}{x} = 1$,存在 $\delta > 0$ 使得当 $0 < x < \delta$ 时,$\dfrac{1}{2} \leqslant \dfrac{\sin x}{x} \leqslant 1$. 因此,对任何正整数 n,当 $0 < x \leqslant \dfrac{\delta}{n}$ 时,$\left|\dfrac{\sin nx}{nx}\right| \leqslant 1$;当 $\dfrac{\delta}{n} \leqslant x \leqslant 1$ 时,$\left|\dfrac{\sin nx}{nx}\right| \leqslant \dfrac{1}{nx} \leqslant \dfrac{1}{\delta}$. 于是,对 $0 < x \leqslant 1$,$\left|\dfrac{\sin nx}{nx}\right| \leqslant \max\left\{\dfrac{1}{\delta}, 1\right\}$. 由控制收敛定理,

$$\lim_{n\to\infty}\int_0^1 \frac{\sin nx}{nx}\mathrm{d}x = \int_0^1 \lim_{n\to\infty}\frac{\sin nx}{nx}\mathrm{d}x = 0.$$

注:Lebesgue 积分比 Riemann 积分具有一些更好的性质. 首先,Lebesgue 积分完全不依赖函数的连续性,因此 Lebesgue 积分比 Riemann 积分的可积性要求严格弱,可积的函数类要大得多;其次,Lebesgue 积分与极限可换条件比 Riemann 积分要弱很多;另外,函数在一个零测度集上的性质不影响其 Lebesgue 积分,Lebesgue 积分的所有性质均可在几乎处处(a. e.)下考虑. 我们后面可以用 Lebesgue 积分理解和分析函数的积分.

1.4 Fourier 变换

Fourier 分析是函数理论重要的工具,广泛应用于理论和工程应用领域. 为后续学习方便起见,本节简述 Fourier 分析的一些基础知识.

为了叙述方便,本节记

$$L^1 = \left\{ f(t) \,\middle|\, \int_{-\infty}^{\infty} |f(t)| \mathrm{d}t < \infty \right\},$$

$$L^2 = \left\{ f(t) \,\middle|\, \int_{-\infty}^{\infty} |f(t)|^2 \mathrm{d}t < \infty \right\}.$$

对 $f(t) \in L^1$,

$$\|f\|_1 = \int_{-\infty}^{\infty} |f(t)| \mathrm{d}t;$$

对 $f(t) \in L^2$,

$$\| f \|_2 = \left(\int_{-\infty}^{\infty} | f(t) |^2 \mathrm{d}t\right)^{1/2}.$$

对于函数 $f(t) \in L^1$,它的 **Fourier 变换**定义为

$$\hat{f}(\omega) = (Ff)(\omega) = \int_{-\infty}^{\infty} f(t)\mathrm{e}^{-\mathrm{i}\omega t}\mathrm{d}t \quad (\omega \in \mathbf{R}),$$

这里 i 表示虚数单位.

定理 1.4.1 设 $f(t) \in L^1$,则

(1) $\hat{f}(\omega)$ 是有界的,且 $\sup\limits_{\omega\in\mathbf{R}} | \hat{f}(\omega) | \leqslant \int_{-\infty}^{\infty} | f(t) | \mathrm{d}t$;

(2) $\hat{f}(\omega)$ 在 $\mathbf{R}$ 上一致连续;

(3) 若 $f'(t)$ 存在且 $f'(t) \in L^1$,则 $\widehat{f'}(\omega) = \mathrm{i}\omega\hat{f}(\omega)$.

证明 由定义,$| \hat{f}(\omega) | \leqslant \int_{-\infty}^{\infty} | f(t) | \mathrm{d}t$,(1) 显然成立.

对于(2),任取 $\delta > 0$,

$$\begin{aligned}\sup_{\omega\in\mathbf{R}} | \hat{f}(\omega+\delta) - \hat{f}(\omega) | &= \sup_{\omega\in\mathbf{R}}\left|\int_{-\infty}^{\infty} f(t)(\mathrm{e}^{-\mathrm{i}\delta t} - 1)\mathrm{e}^{-\mathrm{i}\omega t}\mathrm{d}t\right| \\ &\leqslant \int_{-\infty}^{\infty} | f(t) | | (\mathrm{e}^{-\mathrm{i}\delta t} - 1) | \mathrm{d}t.\end{aligned}$$

由于 $| f(t) | | (\mathrm{e}^{-\mathrm{i}\delta t} - 1) | \leqslant 2 | f(t) |$,且 $\lim\limits_{\delta\to 0} f(t)(\mathrm{e}^{-\mathrm{i}\delta t} - 1) = 0$,由积分控制收敛定理,

$$\int_{-\infty}^{\infty} | f(t) | | (\mathrm{e}^{-\mathrm{i}\delta t} - 1) | \mathrm{d}t \to 0 \quad (\delta \to 0),$$

所以 $\hat{f}(\omega)$ 在 $\mathbf{R}$ 上一致连续.

对于(3),由积分控制收敛定理

$$\begin{aligned}\widehat{f'}(\omega) &= \int_{-\infty}^{\infty} \lim_{u\to 0}\frac{f(t+u) - f(t)}{u}\mathrm{e}^{-\mathrm{i}\omega t}\mathrm{d}t \\ &= \lim_{u\to 0}\frac{1}{u}\int_{-\infty}^{\infty}[f(t+u) - f(t)]\mathrm{e}^{-\mathrm{i}\omega t}\mathrm{d}t \\ &= \lim_{u\to 0}\frac{\mathrm{e}^{\mathrm{i}\omega u} - 1}{u}\hat{f}(\omega) = \mathrm{i}\omega\hat{f}(\omega).\end{aligned}$$

□

定义 1.4.1(卷积) 设 $f(t), g(t) \in L^1$,它们的卷积定义为

$$h(t) = (f * g)(t) = \int_{-\infty}^{\infty} f(t-s)g(s)\mathrm{d}s \quad (t \in \mathbf{R}).$$

显然,

$$\begin{aligned}\int_{-\infty}^{\infty} | h(t) | \mathrm{d}t &\leqslant \int_{-\infty}^{\infty}\int_{-\infty}^{\infty} | f(t-s) | | g(s) | \mathrm{d}s\mathrm{d}t \\ &\leqslant \int_{-\infty}^{\infty} | f(t) | \mathrm{d}t\int_{-\infty}^{\infty} | g(t) | \mathrm{d}t \\ &< \infty,\end{aligned}$$

因此 $h(t) \in L^1$，L^1 对卷积运算是封闭的.

命题 1.4.2 设 $f(t), g(t) \in L^1$，则

(1) $f * g = g * f$；

(2) $\widehat{f*g}(\omega) = \hat{f}(\omega)\hat{g}(\omega)$；

(3) $\int_{-\infty}^{\infty} f(t)\hat{g}(t)\mathrm{d}t = \int_{-\infty}^{\infty} \hat{f}(t)g(t)\mathrm{d}t$.

利用变量替换和积分次序交换可证该命题，这里略去.

例 1.4.1 设 $a > 0$，$f(t) = \begin{cases} 1, & -a \leqslant t \leqslant a, \\ 0, & \text{其它}, \end{cases}$ 则

$$\hat{f}(\omega) = \int_{-a}^{a} \mathrm{e}^{-\mathrm{i}\omega t}\mathrm{d}t = \frac{\mathrm{e}^{-\mathrm{i}\omega t}\Big|_{-a}^{a}}{-\mathrm{i}\omega} = \frac{2\sin a\omega}{\omega}.$$

例 1.4.2 设 $f(t) = \mathrm{e}^{-at^2}$，$a > 0$，求证：$\hat{f}(\omega) = \frac{\sqrt{\pi}}{\sqrt{a}}\mathrm{e}^{-\frac{\omega^2}{4a}}$.

证明 因为 $\hat{f}(\omega) = \int_{-\infty}^{\infty} \mathrm{e}^{-at^2}\mathrm{e}^{-\mathrm{i}\omega t}\mathrm{d}t$，两端关于 ω 求导可得

$$\begin{aligned}[\hat{f}(\omega)]' &= -\mathrm{i}\int_{-\infty}^{\infty} \mathrm{e}^{-at^2} t\mathrm{e}^{-\mathrm{i}\omega t}\mathrm{d}t = \frac{\mathrm{i}}{2a}\int_{-\infty}^{\infty} (\mathrm{e}^{-at^2})'\mathrm{e}^{-\mathrm{i}\omega t}\mathrm{d}t \\ &= -\frac{\omega}{2a}\int_{-\infty}^{\infty} \mathrm{e}^{-at^2}\mathrm{e}^{-\mathrm{i}\omega t}\mathrm{d}t = -\frac{\omega}{2a}\hat{f}(\omega).\end{aligned}$$

注意，由极限与积分次序交换可知积分号下求导是成立的，另外上面还用了一次分部积分. 因此 $\hat{f}(\omega) = c\mathrm{e}^{-\frac{\omega^2}{4a}}$. 又

$$\hat{f}(0) = \int_{-\infty}^{\infty} \mathrm{e}^{-at^2}\mathrm{d}t = \frac{1}{\sqrt{a}}\int_{-\infty}^{\infty} \mathrm{e}^{-(\sqrt{a}t)^2}\mathrm{d}(\sqrt{a}t) = \frac{\sqrt{\pi}}{\sqrt{a}} = c,$$

所以 $\hat{f}(\omega) = \frac{\sqrt{\pi}}{\sqrt{a}}\mathrm{e}^{-\frac{\omega^2}{4a}}$.

定理 1.4.3 设 $f \in L^1$ 且 $\hat{f} \in L^1$，则有

$$f(t) = \frac{1}{2\pi}\int_{-\infty}^{\infty} \hat{f}(\omega)\mathrm{e}^{\mathrm{i}\omega t}\mathrm{d}\omega \quad (t \in \mathbf{R}).$$

证明 由例 1.4.2，$g_\alpha(t) = \frac{1}{2\sqrt{\pi\alpha}}\mathrm{e}^{-\frac{t^2}{4\alpha}}(\alpha > 0)$ 的 Fourier 变换为

$$\hat{g}_\alpha(\omega) = \mathrm{e}^{-\alpha\omega^2},$$

且

$$\hat{g}_\alpha(0) = \int_{-\infty}^{\infty} g_\alpha(t)\mathrm{d}t = 1.$$

对 $f(t)$ 的连续点 t_0 和任意 $\varepsilon > 0$，取 $\eta > 0$ 使当 $|t - t_0| < \eta$ 时，

$$|f(t) - f(t_0)| < \varepsilon,$$

于是

$$
\begin{aligned}
& |f * g_\alpha(t_0) - f(t_0)| \\
= & \left| \int_{-\infty}^{\infty} [f(t_0 - s) - f(t_0)] g_\alpha(s) \mathrm{d}s \right| \\
\leqslant & \int_{-\eta}^{\eta} |f(t_0 - s) - f(t_0)| g_\alpha(s) \mathrm{d}s \\
& + \int_{|s| \geqslant \eta} |f(t_0 - s) - f(t_0)| g_\alpha(s) \mathrm{d}s \\
\leqslant & \varepsilon \int_{-\eta}^{\eta} g_\alpha(s) \mathrm{d}s + \int_{|s| \geqslant \eta} |f(t_0 - s)| g_\alpha(s) \mathrm{d}s + |f(t_0)| \int_{|s| \geqslant \eta} g_\alpha(s) \mathrm{d}s \\
\leqslant & \varepsilon + \max_{|s| \geqslant \eta} g_\alpha(s) \int_{-\infty}^{\infty} |f(s)| \mathrm{d}s + |f(t_0)| \int_{|s| \geqslant \eta/\sqrt{\alpha}} g_1(s) \mathrm{d}s \\
\leqslant & \varepsilon + g_\alpha(\eta) \int_{-\infty}^{\infty} |f(s)| \mathrm{d}s + |f(t_0)| \int_{|s| \geqslant \eta/\sqrt{\alpha}} g_1(s) \mathrm{d}s,
\end{aligned}
$$

故 $\lim\limits_{\alpha \to 0^+} |f * g_\alpha(t_0) - f(t_0)| \leqslant \varepsilon$. 又由 ε 的任意性，$\lim\limits_{\alpha \to 0^+} |f * g_\alpha(t_0) - f(t_0)| = 0$,即有

$$
\lim_{\alpha \to 0^+} f * g_\alpha(t_0) = f(t_0).
$$

记 $k_{\alpha,s}(t) = \frac{1}{2\pi} \mathrm{e}^{\mathrm{i}st} \mathrm{e}^{-\alpha t^2}$,则

$$
\begin{aligned}
\hat{k}_{\alpha,s}(\omega) &= \int_{-\infty}^{\infty} \frac{1}{2\pi} \mathrm{e}^{\mathrm{i}st} \mathrm{e}^{-\alpha t^2} \mathrm{e}^{-\mathrm{i}\omega t} \mathrm{d}t = \frac{1}{2\pi} \int_{-\infty}^{\infty} \mathrm{e}^{-\alpha t^2} \mathrm{e}^{-\mathrm{i}(\omega - s)t} \mathrm{d}t \\
&= \frac{1}{2\pi} \sqrt{\frac{\pi}{\alpha}} \mathrm{e}^{-\frac{(\omega - s)^2}{4\alpha}} = g_\alpha(\omega - s).
\end{aligned}
$$

而由命题 1.4.2,

$$
\begin{aligned}
f * g_\alpha(t_0) &= \int_{-\infty}^{\infty} f(u) g_\alpha(t_0 - u) \mathrm{d}u = \int_{-\infty}^{\infty} f(u) \hat{k}_{\alpha,t_0}(u) \mathrm{d}u \\
&= \int_{-\infty}^{\infty} \hat{f}(u) k_{\alpha,t_0}(u) \mathrm{d}t = \frac{1}{2\pi} \int_{-\infty}^{\infty} \hat{f}(u) \mathrm{e}^{\mathrm{i}t_0 u} \mathrm{e}^{-\alpha u^2} \mathrm{d}u,
\end{aligned}
$$

根据控制收敛定理,上式两端取极限($\alpha \to 0^+$)可得

$$
f(t_0) = \frac{1}{2\pi} \int_{-\infty}^{\infty} \hat{f}(u) \mathrm{e}^{\mathrm{i}t_0 u} \mathrm{d}u.
$$

对于 $f(t) \in L^1$ 使 $\int_{-\infty}^{\infty} |\hat{f}(\omega)| \mathrm{d}\omega < \infty$ 的函数,$f(t)$ 是处处连续的,从而

$$
f(t) = \frac{1}{2\pi} \int_{-\infty}^{\infty} \hat{f}(\omega) \mathrm{e}^{\mathrm{i}t\omega} \mathrm{d}\omega, \quad t \in \mathbf{R}. \qquad \square
$$

称 $\frac{1}{2\pi} \int_{-\infty}^{\infty} \hat{f}(\omega) \mathrm{e}^{\mathrm{i}t\omega} \mathrm{d}\omega$ 为 $f(t)$ 的逆 Fourier 变换. 利用上述 Fourier 变换具有的可逆性,还可以把 Fourier 变换的可逆性延拓到 L^2 中的函数.

定理 1.4.4 设 $f(t), g(t) \in L^1 \cap L^2$,那么

$$\int_{-\infty}^{\infty} f(t)\,\overline{g(t)}\mathrm{d}t = \frac{1}{2\pi}\int_{-\infty}^{\infty} \hat{f}(\omega)\,\overline{\hat{g}(\omega)}\mathrm{d}\omega.$$

证明　记 $h(t) = \int_{-\infty}^{\infty} f(t+u)\,\overline{g(u)}\mathrm{d}u$，由 Hölder 不等式可知

$$|h(t)| \leqslant \|f\|_2 \|g\|_2, \quad 且 \quad h(0) = \int_{-\infty}^{\infty} f(t)\,\overline{g(t)}\mathrm{d}t.$$

由于 $h(t)$ 是函数 $f(t)$ 和 $\overline{g(-t)}$ 的卷积，所以 $h(t) \in L^1$，且由命题 1.4.2，有

$$\hat{h}(\omega) = \hat{f}(\omega)\,\overline{\hat{g}(\omega)}.$$

于是由 Fatou 引理可知 $\hat{f}(\omega), \hat{g}(\omega) \in L^2$，从而 $\hat{h}(\omega) \in L^1$，可得

$$\int_{-\infty}^{\infty} f(t)\,\overline{g(t)}\mathrm{d}t = h(0) = \frac{1}{2\pi}\int_{-\infty}^{\infty} \hat{h}(\omega)\mathrm{d}\omega = \frac{1}{2\pi}\int_{-\infty}^{\infty} \hat{f}(\omega)\,\overline{\hat{g}(\omega)}\mathrm{d}\omega. \qquad \square$$

推论 1.4.5　设 $f(t) \in L^1 \cap L^2$，则 $\int_{-\infty}^{\infty} |\hat{f}(\omega)|^2\mathrm{d}\omega < \infty$，且

$$\int_{-\infty}^{\infty} |f(t)|^2\mathrm{d}t = \frac{1}{2\pi}\int_{-\infty}^{\infty} |\hat{f}(u)|^2\mathrm{d}u,$$

即

$$\|\hat{f}\|_2^2 = 2\pi \|f\|_2^2 \quad (\text{Plancherel 等式}).$$

对任意 $f(t) \in L^2$ 及整数 $N \geqslant 1$，令

$$f_N(t) = \begin{cases} f(t), & |t| \leqslant N, \\ 0, & \text{其它}, \end{cases}$$

由 Hölder 不等式可知 $f_N(t) \in L^1 \cap L^2$，且

$$\int_{-\infty}^{\infty} |f(t) - f_N(t)|^2\mathrm{d}t \to 0 \quad (N \to \infty).$$

由推论 1.4.5，$\hat{f}_N \in L^2$，有

$$\int_{-\infty}^{\infty} |\hat{f}_M(\omega) - \hat{f}_N(\omega)|^2\mathrm{d}\omega = 2\pi\int_{-\infty}^{\infty} |f_M(t) - f_N(t)|^2\mathrm{d}t$$
$$\to 0 \quad (N, M \to \infty),$$

可知 $\{\hat{f}_N(\omega) \mid N \geqslant 1\}$ 是处处收敛的. 记 $\hat{f}(\omega) = \lim\limits_{N\to\infty}\hat{f}_N(\omega)$，则由 Fatou 引理，

$$\int_{-\infty}^{\infty} |\hat{f}(\omega)|^2\mathrm{d}\omega \leqslant \overline{\lim_{N\to\infty}}\int_{-\infty}^{\infty} |\hat{f}_N(\omega)|^2 = \lim_{N\to\infty} 2\pi\int_{-N}^{N} |f(t)|^2\mathrm{d}t < \infty.$$

这样 $\hat{f}(\omega) \in L^2$，所以 Fourier 变换可以延拓到 L^2 中的函数.

由定理 1.4.3、定理 1.4.4 及推论 1.4.5，可得下面的定理.

定理 1.4.6　对于 $f(t), g(t) \in L^2$，则

(1) (Parseval 等式) $\int_{-\infty}^{\infty} f(t)\,\overline{g(t)}\mathrm{d}t = \frac{1}{2\pi}\int_{-\infty}^{\infty} \hat{f}(\omega)\,\overline{\hat{g}(\omega)}\mathrm{d}\omega$；

(2) (Plancherel 等式) $\|\hat{f}\|_2^2 = 2\pi \|f\|_2^2$；

(3) $f(t) = \frac{1}{2\pi}\int_{-\infty}^{\infty} \hat{f}(\omega)\mathrm{e}^{\mathrm{i}\omega t}\mathrm{d}\omega$.

注:(3) 理解成几乎处处成立.

习题 1

1. 设 $A=(a_{ij})$ 是一个实的 n 阶矩阵,证明:

$$\min_j\{\max_i a_{ij}\}\geqslant\max_i\{\min_j a_{ij}\}.$$

上式等号何时成立?

2. 对任意的 $a,b\geqslant 0$ 及 $\theta\in[0,1]$,证明:$a^{\theta}b^{1-\theta}\leqslant\theta a+(1-\theta)b$.

3. 证明:$[0,1]$ 与 $(0,1)$ 有相同的基数.

4. 设 $f(x)=\begin{cases}x^3, & x\in\mathbf{Q}^c,\\ 1, & x\in\mathbf{Q},\end{cases}$ 求 $\int_0^1 f(x)\mathrm{d}x$.

5. 求 $\lim\limits_{n\to\infty}\int_0^2\frac{nx\sin x}{1+n^2x^2}\mathrm{d}x$.

6. 试根据

$$\frac{1}{1+x}=1-x+x^2-x^3+\cdots+(-1)^n x^n+\cdots\quad(0<x<1)$$

证明:

$$\ln 2=1-\frac{1}{2}+\frac{1}{3}-\frac{1}{4}+\cdots.$$

7. 将 $[0,1]$ 等分成三个区间,去除中间的一个开区间;再将上一步所得到的集合的各子区间等分成三个区间,分别去除中间的三等分开区间. 无限重复上一步,得到一个集合 G,称 G 为 **Cantor 集**. 证明:G 是不可数的,且 $m(G)=0$.

2　赋范线性空间

赋范线性空间是应用十分广泛的一类空间模型. 本章在认识距离空间的基础上,引出赋范线性空间的概念与性质,讨论了有限维赋范线性空间,并在赋范线性空间框架下介绍了线性算子、共轭空间及压缩不动点等.

2.1　距离空间

2.1.1　距离空间的概念

距离是衡量集合中两个对象之间远近的量. 为在更一般的集合中引入距离,需要认识距离的基本属性. 设平面上任意三个点 A,B,C,用 $d(A,B)$ 表示 A 到 B 之间的欧氏距离,则由平面几何可知

(1) $d(A,B)\geqslant 0$ 且 $d(A,B)=0\Leftrightarrow A=B$;

(2) $d(A,B)=d(B,A)$;

(3) $d(A,B)\leqslant d(A,C)+d(C,B)$.

这些性质是距离的根本属性,分别称为非负性、对称性、三角不等式性质. 以抽象的观点来看,距离实际上是定义在集合元素间满足这些根本性质的二元运算,因而可将距离的概念以公理化形式引入到更一般集合.

定义 2.1.1　设 X 为一个非空集合,如果存在映射 $d:X\times X\to\mathbf{R}$,使得对任意的 $x,y,z\in X$ 有

(1) $d(x,y)\geqslant 0$ 且 $d(x,y)=0\Leftrightarrow x=y$;

(2) $d(x,y)=d(y,x)$;

(3) $d(x,y)\leqslant d(x,z)+d(z,y)$,

则称 d 是 X 上的一个**距离**,X 或(X,d) 为一个**距离空间**.

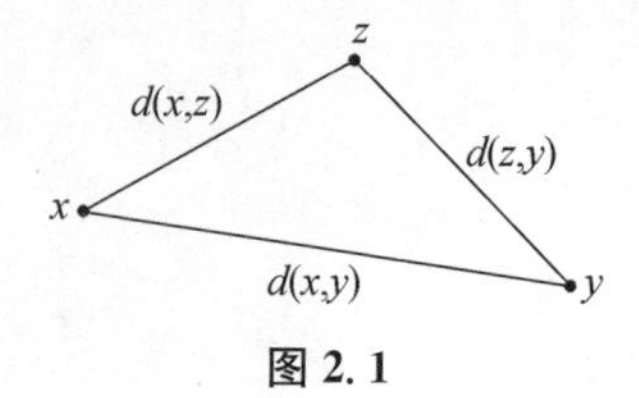

图 2.1

距离的三角不等式的几何意义如图 2.1 所示. 对任意的 $x,y,z\in X$,由距离定义有

$$|d(x,y)-d(y,z)|\leqslant d(x,z).$$

这是因为

$$|d(x,y)-d(y,z)|\leqslant d(x,z)$$

等价于

$$-d(x,z)\leqslant d(x,y)-d(y,z)\leqslant d(x,z),$$

等价于

$$\begin{cases}d(x,y)-d(y,z)\leqslant d(x,z),\\ -d(x,z)\leqslant d(x,y)-d(y,z),\end{cases}$$

等价于

$$\begin{cases}d(x,y)\leqslant d(x,z)+d(y,z),\\ d(y,z)\leqslant d(x,y)+d(x,z).\end{cases}$$

例 2.1.1 设

$$\begin{aligned}\mathbf{R}^n&=\overbrace{\mathbf{R}\times\mathbf{R}\times\cdots\times\mathbf{R}}^{n个}\\&=\{(\xi_1,\xi_2,\cdots,\xi_n)\mid \xi_i\in\mathbf{R},i=1,2,\cdots,n\},\quad n\geqslant 1,\end{aligned}$$

对任意 $x=(\xi_1,\xi_2,\cdots,\xi_n)\in\mathbf{R}^n$ 及 $y=(\eta_1,\eta_2,\cdots,\eta_n)\in\mathbf{R}^n$,定义

$$d_1(x,y)=\sum_{i=1}^{n}|\xi_i-\eta_i|,$$

$$d_2(x,y)=\Big(\sum_{i=1}^{n}|\xi_i-\eta_i|^2\Big)^{1/2},$$

$$d_\infty(x,y)=\max_{1\leqslant i\leqslant n}|\xi_i-\eta_i|,$$

则 $d_1(x,y),d_2(x,y),d_\infty(x,y)$ 均是 $\mathbf{R}^n$ 上的距离.

事实上,对于 $d_1(x,y),d_2(x,y)$ 和 $d_\infty(x,y)$,距离定义的(1)(2)是明显成立的,下面仅验证(3).

对任意 $x=(\xi_1,\xi_2,\cdots,\xi_n),y=(\eta_1,\eta_2,\cdots,\eta_n),z=(\zeta_1,\zeta_2,\cdots,\zeta_n)\in\mathbf{R}^n$,有

$$\begin{aligned}d_1(x,y)&=\sum_{i=1}^{n}|\xi_i-\eta_i|=\sum_{i=1}^{n}|\xi_i-\zeta_i+\zeta_i-\eta_i|\\&\leqslant\sum_{i=1}^{n}(|\xi_i-\zeta_i|+|\zeta_i-\eta_i|)\\&=\sum_{i=1}^{n}|\xi_i-\zeta_i|+\sum_{i=1}^{n}|\zeta_i-\eta_i|=d_1(x,z)+d_1(z,y),\end{aligned}$$

$$d_2(x,y)=\Big(\sum_{i=1}^{n}|\xi_i-\eta_i|^2\Big)^{1/2}=\Big(\sum_{i=1}^{n}|\xi_i-\zeta_i+\zeta_i-\eta_i|^2\Big)^{1/2}$$

$$\leqslant \left(\sum_{i=1}^{n} |\xi_i - \zeta_i|^2\right)^{1/2} + \left(\sum_{i=1}^{n} |\zeta_i - \eta_i|^2\right)^{1/2} \quad (*)$$

$$= d_2(x,z) + d_2(z,y),$$

$$d_\infty(x,y) = \max_{1\leqslant i\leqslant n} |\xi_i - \eta_i| = \max_{1\leqslant i\leqslant n} |\xi_i - \zeta_i + \zeta_i - \eta_i|$$

$$\leqslant \max_{1\leqslant i\leqslant n}(|\xi_i - \zeta_i| + |\zeta_i - \eta_i|)$$

$$\leqslant \max_{1\leqslant i\leqslant n} |\xi_i - \zeta_i| + \max_{1\leqslant i\leqslant n} |\zeta_i - \eta_i|$$

$$= d_\infty(x,z) + d_\infty(z,y),$$

上面(*)式运用了 Minkowski 不等式. 所以 $d_1(x,y)$, $d_2(x,y)$ 和 $d_\infty(x,y)$ 都满足距离定义的(3),因而都是 $\mathbf{R}^n$ 上的距离.

对于任意 $1 \leqslant p < \infty$,定义

$$d_p(x,y) = \left(\sum_{i=1}^{n} |\xi_i - \eta_i|^p\right)^{1/p},$$

可以类似地验证 $d_p(x,y)$ 也是 $\mathbf{R}^n$ 上的距离. 这表明在 $\mathbf{R}^n$ 上可以定义无限多种距离;但不同的距离有着不同的特性,在具体场合需要明确说明.

对于距离空间 X 和 $r > 0$, $x_0 \in X$,令

$$B(x_0,r) = \{x \in X \mid d(x,x_0) < r\},$$

$$S(x_0,r) = \{x \in X \mid d(x,x_0) = r\},$$

将 $B(x_0,r)$ 和 $S(x_0,r)$ 分别称为 X 中以 x_0 为中心,r 为半径的(开) 球和球面. 如图 2.2 所示,是 $\mathbf{R}^2$ 在不同距离下的单位圆.

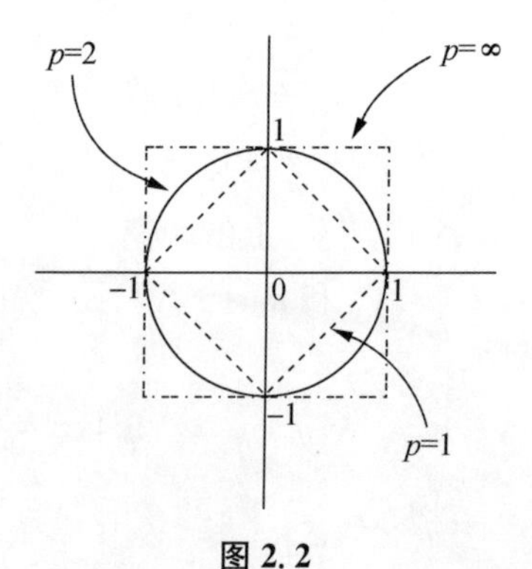

图 2.2

例 2.1.2 记 2^n 个长度为 n 的 0-1 码元集为 H_n. 对于 H_n 中任意的两个码字

$$x = (\xi_1, \xi_2, \cdots, \xi_n) \quad 与 \quad y = (\eta_1, \eta_2, \cdots, \eta_n),$$

定义它们之间的距离为

$$d(x,y) = \sum_{i=1}^{n} [(\xi_i + \eta_i) \bmod 2].$$

对于$\xi,\eta\in\{0,1\}$，$|\xi-\eta|=(\xi+\eta)\bmod 2$. 因而类似上例$d_1$，易证$d$符合距离定义. 该距离常用于纠错编码，被称作 Hamming 距离.

例 2.1.3 令$C[a,b]$表示$[a,b]$上的连续函数集合，对任意的$x(t),y(t)\in C[a,b]$，定义

$$d_1(x,y)=\int_a^b|x(t)-y(t)|\,\mathrm{d}t,$$

$$d_2(x,y)=\left(\int_a^b|x(t)-y(t)|^2\mathrm{d}t\right)^{1/2},$$

$$d_\infty(x,y)=\max_{a\leqslant t\leqslant b}|x(t)-y(t)|,$$

则$d_1(x,y),d_2(x,y),d_\infty(x,y)$均是$C[a,b]$上的距离.

证明 首先注意到这样一个事实：对于区间$[a,b]$上的非负连续函数$f(t)$，如果$\int_a^b f(t)\mathrm{d}t=0$，则在区间$[a,b]$上$f(t)\equiv 0$.

对d_1,d_2和d_∞，距离定义的(1)和(2)是明显成立的，下面仅验证(3). 对任意$x(t),y(t),z(t)\in C[a,b]$，有

$$\begin{aligned}d_1(x,y)&=\int_a^b|x(t)-y(t)|\,\mathrm{d}t=\int_a^b|x(t)-z(t)+z(t)-y(t)|\,\mathrm{d}t\\&\leqslant\int_a^b|x(t)-z(t)|\,\mathrm{d}t+\int_a^b|z(t)-y(t)|\,\mathrm{d}t\\&=d_1(x,z)+d_1(z,y),\end{aligned}$$

$$\begin{aligned}d_2(x,y)&=\left(\int_a^b|x(t)-y(t)|^2\mathrm{d}t\right)^{1/2}\\&=\left(\int_a^b|x(t)-z(t)+z(t)-y(t)|^2\mathrm{d}t\right)^{1/2}\\&\leqslant\left(\int_a^b|x(t)-z(t)|^2\mathrm{d}t\right)^{1/2}+\left(\int_a^b|z(t)-y(t)|^2\mathrm{d}t\right)^{1/2},\quad(*)\end{aligned}$$

$$\begin{aligned}d_\infty(x,y)&=\max_{a\leqslant t\leqslant b}|x(t)-y(t)|=\max_{a\leqslant t\leqslant b}|x(t)-z(t)+z(t)-y(t)|\\&\leqslant\max_{a\leqslant t\leqslant b}[|x(t)-z(t)|+|z(t)-y(t)|]\\&\leqslant\max_{a\leqslant t\leqslant b}|x(t)-z(t)|+\max_{a\leqslant t\leqslant b}|z(t)-y(t)|,\end{aligned}$$

上面(*)式运用了积分形式的 Minkowski 不等式. 所以$d_1(x,y),d_2(x,y)$和$d_\infty(x,y)$均是$C[a,b]$上的距离.

2.1.2 度量空间中的极限与连续

实数的极限依赖实数的绝对值，而在距离空间中可以基于距离引入序列的极限和映射的连续概念.

定义 2.1.2 设X为一个度量空间，$\{x_n\}_{n=1}^{\infty}$为X中的一个序列，$x_0\in X$. 如果

$$\lim_{n\to\infty} d(x_n, x_0) = 0,$$

称 x_0 为序列 $\{x_n\}_{n=1}^{\infty}$ 的**极限**,记成 $\lim_{n\to\infty} x_n = x_0$. 又设 (X, d_X) 与 (Y, d_Y) 为两个距离空间,$f: X \to Y$ 为一个映射. 如果对 $x_0 \in X, \{x_n\} \subset X$,当

$$\lim_{n\to\infty} x_n = x_0 \quad 或 \quad d_X(x_n, x_0) \to 0 \quad (n \to \infty)$$

时,可导出

$$\lim_{n\to\infty} f(x_n) = f(x_0) \quad 或 \quad d_Y(f(x_n), f(x_0)) \to 0 \quad (n \to \infty)$$

成立,则称映射 f 在 x_0 处**连续**.

例 2.1.4 证明:度量空间的距离是连续的,即对于任意的 $x_0, y_0 \in X$ 以及 $\{x_n\}, \{y_n\} \subset X$ 使 $\lim_{n\to\infty} x_n = x_0$, $\lim_{n\to\infty} y_n = y_0$, 则 $\lim_{n\to\infty} d(x_n, y_n) = d(x_0, y_0)$.

证明 由距离的性质可知

$$\begin{aligned}
& | d(x_n, y_n) - d(x_0, y_0) | \\
= & | d(x_n, y_n) - d(x_n, y_0) + d(x_n, y_0) - d(x_0, y_0) | \\
\leqslant & | d(x_n, y_n) - d(x_n, y_0) | + | d(x_n, y_0) - d(x_0, y_0) | \\
\leqslant & d(y_n, y_0) + d(x_n, x_0),
\end{aligned}$$

所以结论成立.

例 2.1.5 对 $C[a,b]$ 赋予距离 d_2. 取函数 $\varphi(t)$ 满足

$$C = \left(\int_a^b | \varphi(t) |^2 \mathrm{d}t\right)^{1/2} < \infty,$$

定义

$$F(x) = \int_a^b \varphi(t) x(t) \mathrm{d}t, \quad 对\ x(t) \in C[a,b],$$

则 $F: C[a,b] \to \mathbf{R}$ 是连续泛函.

证明 任取 $x(t), y(t) \in C[a,b]$,由 Minkowski 不等式,有

$$\begin{aligned}
| F(x) - F(y) | &= \left| \int_a^b \varphi(t) x(t) \mathrm{d}t - \int_a^b \varphi(t) y(t) \mathrm{d}t \right| \\
&= \left| \int_a^b \varphi(t)(x(t) - y(t)) \mathrm{d}t \right| \\
&\leqslant \left(\int_a^b | \varphi(t) |^2 \mathrm{d}t\right)^{1/2} \left(\int_a^b | x(t) - y(t) |^2 \mathrm{d}t\right)^{1/2} \\
&= C\, d_2(x, y),
\end{aligned}$$

所以 $\lim_{x\to y} F(x) = F(y)$,即 F 是一个连续泛函.

2.1.3 完备性

设 X 为一个度量空间,如果 X 中任意一个 Cauchy 序列在 X 中都有极限,则称 X 是完备的距离空间. 距离空间的完备性使得极限运算是封闭的.

例 2.1.6　对 $N \geqslant 1$，$\mathbf{R}^N$ 关于 $d_1(p \geqslant 1)$ 是完备的.

证明　对任意 Cauchy 序列 $\{x_n\} \subset \mathbf{R}^N$，记

$$x_n = (\xi_1^{(n)}, \xi_2^{(n)}, \cdots, \xi_N^{(n)}),$$

对 $n, m \geqslant 1$，有

$$d_1(x_n, x_m) = \sum_{k=1}^{N} |\xi_k^{(n)} - \xi_k^{(m)}| \geqslant |\xi_i^{(n)} - \xi_i^{(m)}|, \quad 1 \leqslant i \leqslant N.$$

于是，对任意 $1 \leqslant i \leqslant N$，$\{\xi_i^{(n)}\}$ 是 Cauchy 序列. 选取 $\{\xi_i^{(n)}\}$ 的收敛子列 $\{\xi_1^{(n_{1_k})}\}$，记其极限为 ξ_1，再选取 Cauchy 列 $\{\xi_2^{(n_{1_k})}\}$ 的收敛子列 $\{\xi_2^{(n_{2_k})}\}$，记其极限为 ξ_2，归纳地依次选取收敛子列 $\{\xi_3^{(n_{3_k})}\}, \cdots, \{\xi_N^{(n_{N_k})}\}$，其极限分别记为 $\xi_3, \cdots, \xi_N$. 由

$$\{n_{N_k}\} \subset \{n_{(N-1)_k}\} \subset \cdots \subset \{n_{1_k}\}$$

可知 $\{\xi_1^{(n_{N_k})}\}, \{\xi_2^{(n_{N_k})}\}, \cdots, \{\xi_N^{(n_{N_k})}\}$ 都收敛，极限分别为 $\xi_1, \xi_2, \cdots, \xi_N$. 记

$$x_0 = (\xi_1, \xi_2, \cdots, \xi_N), \quad x_{n_{N_k}} = (\xi_1^{(n_{N_k})}, \xi_2^{(n_{N_k})}, \cdots, \xi_N^{(n_{N_k})}), \quad k \geqslant 1,$$

所以

$$d_1(x_{n_{N_k}}, x_0) = \sum_{i=1}^{N} |\xi_i^{(n_{N_k})} - \xi_i| \to 0 \quad (k \to \infty),$$

这样就证明了 $\mathbf{R}^N$ 关于距离 d_1 的完备性.

例 2.1.7　$C[a,b]$ 关于 d_∞ 是完备的，而关于 d_1 是不完备的.

证明　设 $C[0,1]$ 赋予距离 d_∞. 取 $\{x_n(t)\}_{n=1}^{\infty} \subset C[a,b]$ 为一个任意 Cauchy 列. 由 d_∞ 的定义，对任意 $\varepsilon > 0$，存在 $N > 0$ 使当 $n, m > N$ 时，有

$$\max_{a \leqslant t \leqslant b} |x_n(t) - x_m(t)| < \varepsilon.$$

显然，对任意 $t \in [a,b]$，$\{x_n(t)\}_{n=1}^{\infty}$ 都收敛. 记 $x_n(t) \to x(t)$，$t \in [a,b]$. 对上面不等式，令 $m \to \infty$，可得当 $n > N$ 时 $\max\limits_{a \leqslant t \leqslant b} |x_n(t) - x(t)| \leqslant \varepsilon$，表明 $\{x_n(t)\}_{n=1}^{\infty}$ 在 $[a,b]$ 上一致收敛于 $x(t)$，从而 $x(t)$ 连续，且

$$d_\infty(x_n, x) = \max_{a \leqslant t \leqslant b} |x_n(t) - x(t)| \to 0 \quad (n \to \infty),$$

所以 $C[0,1]$ 关于 d_∞ 是完备的.

下面考虑 $C[0,1]$ 关于距离 d_1 的不完备性. 取

$$x_n(t) = \begin{cases} 0, & 0 \leqslant t < \dfrac{1}{2} - \dfrac{1}{n+2}, \\ (n+2)t - \dfrac{n}{2}, & \dfrac{1}{2} - \dfrac{1}{n+2} \leqslant t < \dfrac{1}{2}, \\ 1, & \dfrac{1}{2} \leqslant t \leqslant 1, \end{cases}$$

其中 $n = 1, 2, \cdots$（如图 2.3 所示）. 对 $1 \leqslant n < m$，有

$$d_1(x_n, x_m) = \frac{1}{2}\left(\frac{1}{n+2} - \frac{1}{m+2}\right) \leqslant \frac{1}{2}\left(\frac{1}{n+2} + \frac{1}{m+2}\right),$$

所以 $\{x_n(t)\}$ 为一个 Cauchy 序列，但它在 $C[0,1]$ 中没有极限！

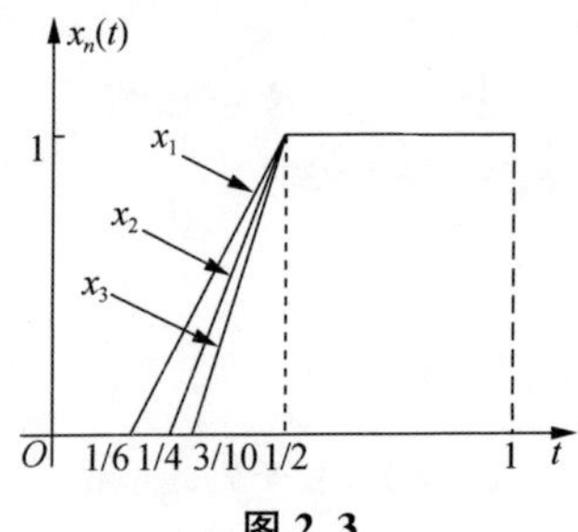

图 2.3

假设 $x_0(t) \in C[0,1]$ 是 $\{x_n(t)\}$ 的极限，则

$$\begin{aligned} d_1(x_n, x_0) &= \int_0^{\frac{1}{2}-\frac{1}{n+2}} |x_0(t)| \mathrm{d}t + \int_{\frac{1}{2}-\frac{1}{n+2}}^{\frac{1}{2}} |x_0(t) - x_n(t)| \mathrm{d}t \\ &\quad + \int_{\frac{1}{2}}^{1} |x_0(t) - 1| \mathrm{d}t \\ &\to 0 \quad (n \to \infty), \end{aligned}$$

可知

$$\int_0^{\frac{1}{2}} |x_0(t)| \mathrm{d}t = 0, \quad \int_{\frac{1}{2}}^{1} |x_0(t) - 1| \mathrm{d}t = 0.$$

从而由 $x_0(t)$ 的连续性，当 $0 \leqslant t \leqslant \frac{1}{2}$ 时，$x_0(t) = 0$；当 $\frac{1}{2} \leqslant t \leqslant 1$ 时，$x_0(t) = 1$. 这样，函数 $x_0(t)$ 在 $t = \frac{1}{2}$ 处取值发生歧义. 因此 $C[0,1]$ 关于 d_1 不完备.

注：类似地，可以证明 $C[a,b]$ 关于 $d_p(1 \leqslant p < \infty)$ 都是不完备的. 对任何不完备的度量 X，都存在一个完备的度量空间 $\hat{X}$ 使 X 在 $\hat{X}$ 中稠密(参见[5]). $\hat{X}$ 称为 X 的完备化. 如 $C[a,b]$ 关于 d_p 的完备化空间为

$$L^p[a,b] = \left\{ x(t) \,\middle|\, \int_a^b |x(t)|^p \mathrm{d}t < \infty \right\}.$$

2.2 赋范线性空间的概念

在序列或函数构成的集合中，元素间可以作线性运算形成线性空间，此外，若线性空间元素可定义相容的长度，则形成一类广泛的空间 —— 赋范线性空间.

2.2.1 线性空间

定义 2.2.1 设 X 为一个非空集合，F 为一数域(实数或复数域). 若在 X 中定义一个加法“+”和数乘“•”，使得

(1) 对于任意 $x, y \in X$，$x + y = y + x$；

(2) 存在一个"零元"$\theta \in X$,使得对于任意 $x \in X, x+\theta=x$;

(3) 对于任意 $x \in X$,存在"负元"$-x \in X, x+(-x)=\theta$;

(4) 对于任意 $x, y, z \in X,(x+y)+z=x+(y+z)$;

(5) 对于任意 $\lambda, \mu \in F, x \in X, \lambda \cdot(\mu \cdot x)=(\lambda \mu) \cdot x$;

(6) 对任意 $\lambda \in F, x, y \in X, \lambda \cdot(x+y)=\lambda \cdot x+\lambda \cdot y$;

(7) 对于 $x \in X, 1 \cdot x=x$;

(8) 对于 $x \in X, 0 \cdot x=\theta$,

则称 X 为数域 F 上的一个**线性空间**(Linear Space).

线性空间中的元素常看作向量,故线性空间也称作向量空间(Vector Space). 当 $F=\mathbf{R}$ 时,称 X 为实线性空间;当 $F=\mathbf{C}$ 时,称 X 为复线性空间. 由不同性质的函数、矩阵或序列可以构成各种各样的线性空间.

例 2.2.1 一些线性空间:

(1) $l^{\infty}=\{(\xi_1, \xi_2, \cdots, \xi_n, \cdots) \mid$ 对任意 $n, \xi_n \in \mathbf{R}$ 且 $\sup\limits_n |\xi_n|<\infty\}$ 为实的线性空间;

(2) $C[a, b]$ 为一个线性空间;

(3) n 阶复矩阵 M_n 构成一个复的线性空间.

按通常的运算,容易验证它们都是线性空间. 下面给出线性空间的几个重要概念.

1) 线性相关与线性无关

设 $x_1, x_2, \cdots, x_n \in X$,如果存在不全为零的常数 $\alpha_1, \alpha_2, \cdots, \alpha_n \in F$ 使得

$$\alpha_1 x_1+\alpha_2 x_2+\cdots+\alpha_n x_n=\theta,$$

则称 $x_1, x_2, \cdots, x_n$ 是**线性相关**的;若 $x_1, x_2, \cdots, x_n \in X$ 不是线性相关的,则称 $x_1, x_2, \cdots, x_n$ 是**线性无关**的.

易知 $x_1, x_2, \cdots, x_n \in X$ 是线性相关的当且仅当 $x_1, x_2, \cdots, x_n$ 中至少有一个向量是其它向量的线性表示,即存在向量 x_i 及数 $c_1, \cdots, c_{i-1}, c_{i+1}, \cdots, c_n \in F$ 使得

$$x_i=c_1 x_1+\cdots+c_{i-1} x_{i-1}+c_{i+1} x_{i+1}+\cdots+c_n x_n .$$

2) 子空间

设 $E \subset X$,若按照 X 上的加法与数乘,E 也是一个线性空间,则称 E 为 X 的一个**子空间**. $E \subset X$,E 为 X 的子空间当且仅当对任意的 $x, y \in E$ 及 $\lambda, \mu \in F$,

$$\lambda x+\mu y \in E.$$

3) 扩张子空间

设 $\{x_n\} \subset X$,$\left\{\sum\limits_n \alpha_n x_n \,\middle|\, \{\alpha_n\}\text{ 为 }F\text{ 的有限子集}\right\}$ 形成一个子空间,称为由 $\{x_n\}$ 张成的子空间,记为 $\operatorname{span}\{x_n\}$.

4) 子空间的直和

设 M,N 为子空间，$M+N=\{x+y\mid x\in M,y\in N\}$ 也是一个子空间，称为 M,N 的**直和**. 若 E 是线性空间 X 的一个子空间，$x\in X$，$x+E$ 称为 X 的一个**线性流形**.

5) 维数与基

线性空间的一个极大无关向量集称为这个线性空间的一个**基**，当基向量个数有限时，将基元素的个数称为线性空间的**维数**. 记线性空间 X 的维数为 $\dim X$，如 $\dim\mathbf{R}^n=n$. 线性空间中任何一个向量可以由它的一个基向量唯一地线性表示. 而当基向量是无限多时，线性空间是无限维的，记为 $\dim X=\infty$.

6) 凸集

设 G 为线性空间 X 的一个非空集合，对于任意的 $x,y\in G$ 及 $\lambda\in(0,1)$，若

$$\lambda x+(1-\lambda)y\in G,$$

称 G 为 X 的一个**凸集**. 如图 2.4 所示，其中(a) 为非凸集，(b) 为凸集. 凸集是线性流形的推广，在条件极值问题中是一个重要的条件. 容易验证凸集的交是凸集，凸集的直和是凸集.

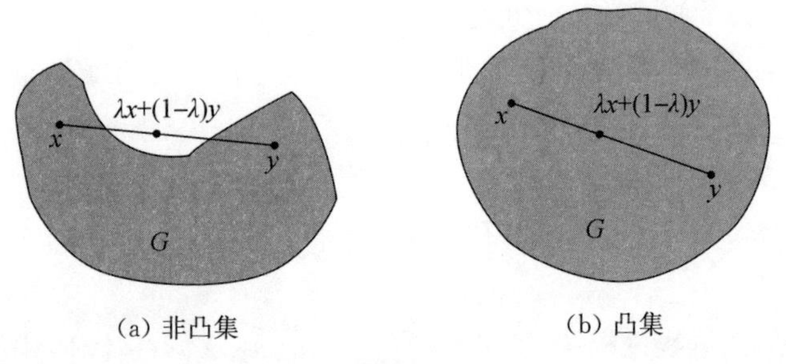

(a) 非凸集　　(b) 凸集

图 2.4

7) 凸锥(Convex Cone)

记 $C\subset X$，$C\neq\varnothing$. 若对任意的 $x_1,x_2\in C$，$\theta_1,\theta_2>0$，有 $\theta_1x_1+\theta_2x_2\in C$，则称 C 为 X 的一个凸锥. 例如

$$\mathbf{R}_+^n=\{x=(\xi_1,\xi_2,\cdots,\xi_n)\in\mathbf{R}^n\mid \xi_i>0,i=1,2,\cdots,n\}$$

为 $\mathbf{R}^n$ 的一个凸锥.

2.2.2　赋范线性空间

欧氏空间中向量的模是向量的长度，一些线性空间中也可类似地定义向量的长度范数.

定义 2.2.2　设 X 为一个实或复的线性空间，若存在一个映射 $\|\ \ \|:X\to\mathbf{R}$ 满足：

(1) 对 $x \in X$, $\|x\| \geqslant 0$ 且 $\|x\| = 0 \Rightarrow x = \theta$;

(2) 对 $x \in X, \lambda \in F$, $\|\lambda x\| = |\lambda| \|x\|$;

(3) (三角不等式) 对 $x, y \in X$, $\|x+y\| \leqslant \|x\| + \|y\|$,

则称 X 为一个**赋范线性空间**,简称**赋范空间**. $\| \quad \|$ 称为 X 的范数, $\|x\|$ 称为向量 x 的范数.

由上述定义(2)可知 $\|\theta\| = 0$,且对任意两个向量 x, y, $\|x-y\| = \|y-x\|$;由三角不等式(3)可知

$$\big| \|x\| - \|y\| \big| \leqslant \|x-y\|.$$

范数是线性空间向量模长的统称.通过范数可以引出赋范线性空间的距离.对 $x, y \in X$,令 $d(x,y) = \|x-y\|$,则 d 是 X 上的一个距离,称为由范数诱导的距离.若赋范线性空间按诱导距离是完备的,称这个赋范空间为一个**完备赋范空间**,简称 **Banach 空间**.常见的 $\mathbf{R}^n$, $\mathbf{C}^n$, l^p, $L^p(\mathbf{R})$, $(C[a,b], \| \quad \|_\infty)$ 都是 Banach 空间.

例 2.2.2　$\mathbf{R}^n(\mathbf{C}^n)$.

对 $x = (\xi_1, \xi_2, \cdots, \xi_n) \in \mathbf{R}^n$, $\|x\|_2 = \left(\sum\limits_{i=1}^{n} |\xi_i|^2\right)^{1/2}$. $\| \quad \|_2$ 显然满足范数定义的(1)和(2).

对 $x = (\xi_1, \xi_2, \cdots, \xi_n)$ 及 $y = (\eta_1, \eta_2, \cdots, \eta_n) \in \mathbf{R}^n$,由 Minkowski 不等式,有

$$\begin{aligned} \|x+y\|_2 &= \left(\sum_{i=1}^{n} |\xi_i + \eta_i|^2\right)^{1/2} \leqslant \left(\sum_{i=1}^{n} |\xi_i|^2\right)^{1/2} + \left(\sum_{i=1}^{n} |\eta_i|^2\right)^{1/2} \\ &= \|x\|_2 + \|y\|_2, \end{aligned}$$

所以 $\| \quad \|_2$ 是 $\mathbf{R}^n$ 上的范数,称 $(\mathbf{R}^n, \| \quad \|_2)$ 为实 n 维欧氏空间.

同理, $(\mathbf{C}^n, \| \quad \|_2)$ 称为复 n 维欧氏空间.

一般地,对 $1 \leqslant p < \infty$,令

$$\|x\|_p = \left(\sum_{i=1}^{n} |\xi_i|^p\right)^{1/p}, \quad \|x\|_\infty = \max_{1 \leqslant i \leqslant n} |\xi_i|.$$

可以验证, $\| \quad \|_p (1 \leqslant p \leqslant \infty)$ 都是 $\mathbf{R}^n(\mathbf{C}^n)$ 的范数,称作 p 范数. $\mathbf{R}^n$ 和 $\mathbf{C}^n$ 关于 p 范数是 Banach 空间(完备性验证类似例 2.1.6).

例 2.2.3　$l^p = \left\{(\xi_1, \xi_2, \cdots) \,\middle|\, n \geqslant 1, \xi_n \in \mathbf{R}, \sum\limits_{n=1}^{\infty} |\xi_n|^p < \infty\right\}, 1 \leqslant p < \infty$.

对 $x = (\xi_1, \xi_2, \cdots) \in l^p$,定义 $\|x\|_p = \left(\sum\limits_{i=1}^{\infty} |\xi_i|^p\right)^{1/p}$.可验证, $(l^p, \| \quad \|_p)$ 为一个 Banach 空间.

事实上, $\| \quad \|_p$ 满足赋范线性空间定义的(1)和(2)是明显的.又对于 $x = (\xi_1, \xi_2, \cdots)$ 及 $y = (\eta_1, \eta_2, \cdots) \in l^p$,由 Minkowski 不等式,有

$$\|x+y\|_p=\left(\sum_{i=1}^{\infty}|\xi_i+\eta_i|^p\right)^{1/p}\leqslant\left(\sum_{i=1}^{\infty}|\xi_i|^p\right)^{1/p}+\left(\sum_{i=1}^{\infty}|\eta_i|^p\right)^{1/p}$$
$$=\|x\|_p+\|y\|_p,$$

所以 $\|\ \ \|_p$ 是 l^p 的一个范数.

再验证 l^p 的完备性.设 $\{x_n\}$ 是 l^p 的任意一个Cauchy列,且 $x_n=(\xi_1^{(n)},\xi_2^{(n)},\cdots)$,则对任意的 $\varepsilon>0$,存在自然数 N,使得当 $m,n>N$ 时,

$$\|x_n-x_m\|_p=\left(\sum_{i=1}^{\infty}|\xi_i^{(n)}-\xi_i^{(m)}|^p\right)^{1/p}<\varepsilon. \tag{2.2.1}$$

由式(2.2.1)可知,对任意的 $j=1,2,\cdots$,有

$$|\xi_j^{(n)}-\xi_j^{(m)}|<\varepsilon\quad(n,m>N),$$

从而 $\{\xi_j^{(n)}\}_{n=1}^{\infty}$ 是一个Cauchy序列.由实数的完备性,存在 $\xi_j\in\mathbf{R}$ 使得 $\lim\limits_{n\to\infty}\xi_j^{(n)}=\xi_j$.记 $x=(\xi_1,\xi_2,\cdots)$,可证明 $x\in l^p$ 且 $\lim\limits_{n\to\infty}x_n=x$.

为此,对任意 $k\geqslant 1$,由式(2.2.1),当 $n,m>N$ 时,

$$\left(\sum_{i=1}^{k}|\xi_i^{(n)}-\xi_i^{(m)}|^p\right)^{1/p}<\varepsilon,$$

再令 $m\to\infty$ 可得

$$\left(\sum_{i=1}^{k}|\xi_i^{(n)}-\xi_i|^p\right)^{1/p}\leqslant\varepsilon.$$

从而对 $n>N$,有

$$\left(\sum_{i=1}^{\infty}|\xi_i^{(n)}-\xi_i|^p\right)^{1/p}\leqslant\varepsilon, \tag{2.2.2}$$

所以

$$x_n-x=(\xi_1^{(n)}-\xi_1,\xi_2^{(n)}-\xi_2,\cdots)\in l^p,$$

从而 $x=x_n-(x_n-x)\in l^p$,且式(2.2.2)蕴含着 $\|x_n-x\|_p\to 0$,即 $\lim\limits_{n\to\infty}x_n=x$.所以 l^p 是完备的.

例 2.2.4 设 $p\geqslant 1$.对 $x(t)\in C[a,b]$,定义

$$\|x\|_p=\left(\int_a^b|x(t)|^p\mathrm{d}t\right)^{1/p},$$

则 $(C[a,b],\|\ \ \|_p)$ 为一个赋范线性空间.

对 $p=\infty$,定义范数

$$\|x\|_\infty=\max\{|x(t)|\mid a\leqslant t\leqslant b\},$$

则 $(C[a,b],\|\ \ \|_\infty)$ 是一个Banach空间.

范数的验证是容易的,略去.由于 $\|\ \ \|_p$ 导致的距离是 d_p,因此 $C[a,b]$ 关于范数 $\|\ \ \|_p(1\leqslant p<\infty)$ 是不完备的,而 $C[a,b]$ 关于范数 $\|\ \ \|_\infty$ 是完备的(见例2.1.7).

例 2.2.5　对 $1 \leqslant p < \infty$，令

$$L^p(\mathbf{R}) = \left\{x(t) \,\middle|\, \int_{\mathbf{R}} |x(t)|^p \mathrm{d}t < \infty\right\}.$$

对 $x(t) \in L^p(\mathbf{R})$，范数定义为

$$\|x\|_p = \left(\int_{\mathbf{R}} |x(t)|^p \mathrm{d}t\right)^{1/p},$$

将几乎处处相等的函数看成相等的，$L^p(\mathbf{R})$ 成为一个 Banach 空间.

对 $p = \infty$，记

$$L^\infty(\mathbf{R}) = \{f(t) \mid \text{存在常数 } M > 0 \text{ 及零测度集 } E_0, \\ |f(t)| \leqslant M, t \in \mathbf{R}\backslash E_0\}.$$

$L^\infty(\mathbf{R})$ 中的函数称作是本质有界的. 对 $x(t) \in L^\infty(\mathbf{R})$，定义范数

$$\|x\|_\infty = \inf_{E_0 \subset \mathbf{R}, m(E_0)=0} \sup\{|x(t)| \mid t \in \mathbf{R}\backslash E_0\},$$

$L^\infty(\mathbf{R})$ 是一个 Banach 空间.

关于 $L^p(\mathbf{R})$ 空间的完备性验证，需要可测函数积分比较多的性质，这里略去.

例 2.2.6　有界变差函数空间 $BV[a,b]$.

对 $[a,b]$ 上定义的函数 $x(t)$，若存在常数 $M > 0$，使得对任意 $[a,b]$ 的分割

$$a = t_0 < t_1 < \cdots < t_n = b,$$

有 $\sum_{k=1}^{n} |x(t_k) - x(t_{k-1})| \leqslant M$ 成立，则称 $x(t)$ 是一个有界变差函数. $x(t)$ 在 $[a,b]$ 上的全变差定义为

$$\overset{b}{\underset{a}{V}}(x) = \sup_{a=t_0<t_1<\cdots<t_n=b} \sum_{k=1}^{n} |x(t_k) - x(t_{k-1})|.$$

容易验证，有界变差函数在每一点都存在左极限和右极限. 为了一致性，约定有界变差函数都取成右连续的.

令 $BV[a,b]$ 表示 $[a,b]$ 上有界变差函数所成的集合. 由变差的定义，$BV[a,b]$ 是一个线性空间. 对任意 $x(t) \in BV[a,b]$，令

$$\|x\| = |x(a)| + \overset{b}{\underset{a}{V}}(x).$$

可以验证 $\|x\|$ 是 $BV[a,b]$ 上一个范数. 记

$$BV_0[a,b] = \{f \in BV[a,b] \mid f(t) \text{ 处处右连续且 } f(a) = 0\},$$

则 $BV_0[a,b]$ 是 $BV[a,b]$ 的一个闭子空间. 由于单调函数在定义域内是几乎处处可导的，而任何实有界变差函数都可以表示为两个单调有界函数的差，所以有界变差函数在定义域内也是几乎处处可导的.

对赋范线性空间 X 的序列 $\{x_n\}_{n=1}^\infty$ 及 $x_0 \in X$，若 $\lim_{n\to\infty} \|x_n - x_0\| = 0$，则称 $\{x_n\}$ **按范数收敛**于 x_0，记为 $\lim_{n\to\infty} x_n = x_0$. 设 $T: X \to Y$ 是赋范空间 X 到 Y 的一个映射，若

对于任意的收敛于 $x_0 \in X$ 的序列 $\{x_n\} \subset X$ 有 $\{Tx_n\}$ 收敛于 Tx_0，则称 T 在 x_0 处**连续**. 若 T 在 X 的任意一点连续，称 T 为一个**连续映射**.

对 $\{x_n\}_{n=1}^{\infty} \subset X$，记 $s_n = \sum_{k=1}^{n} x_k = x_1 + x_2 + \cdots + x_n, n \geqslant 1$. 若 $\lim_{n\to\infty} s_n$ 存在，则称 X 中的级数 $\sum_{k=1}^{\infty} x_k$ 收敛，且 $\sum_{n=1}^{\infty} x_n = \lim_{n\to\infty} s_n$.

在 $L^2[0,2\pi]$ 中，Fourier 级数 $x(t) = \sum_{n=-\infty}^{\infty} c_n e^{-int}$ 收敛意味着

$$\left\| x(t) - \sum_{k=-n}^{n} c_k e^{-int} \right\|_2 \to 0 \quad (n \to \infty),$$

即 Fourier 级数的部分和按范数收敛于和函数.

例 2.2.7 设 $C[a,b]$ 赋予范数 $\| \quad \|_{\infty}$，且

$$\{x_n(t)\}_{n=1}^{\infty} \subset C[a,b], \quad x_0(t) \in C[a,b],$$

证明：$\{x_n(t)\}$ 按范数收敛于 $x_0(t)$ 当且仅当 $\{x_n(t)\}$ 一致收敛于 $x_0(t)$.

证明 由于

$$\| x_n - x_0 \|_{\infty} = \max_{a\leqslant t\leqslant b} | x_n(t) - x_0(t) |,$$

所以对任意的正数 $\varepsilon > 0$，$\| x_n - x_0 \| < \varepsilon$ 等价于对任意 $t \in [a,b]$ 一致地有

$$| x_n(t) - x_0(t) | < \varepsilon,$$

所以结论成立.

命题 2.2.1 设 X 为一个 Banach 空间，$\{x_n\} \subset X$，$\lim_{n\to\infty} x_n = x_0$，则

$$\lim_{n\to\infty} \| x_n \| = \| x_0 \|,$$

即范数是连续的.

由 $| \| x_n \| - \| x_0 \| | \leqslant \| x_n - x_0 \|, n \geqslant 1$，可知上述命题成立.

例 2.2.8 证明：$L^2(\mathbf{R})$ 上的 Fourier 变换是连续的.

证明 因为

$$F: L^2(\mathbf{R}) \to L^2(\mathbf{R}),$$

$$(Ff)(\omega) = \hat{f}(\omega) = \int_{-\infty}^{\infty} f(t) e^{-i\omega t} dt,$$

由 Plancherel 等式可知 $\| f \|_2^2 = \frac{1}{2\pi} \| \hat{f}(\omega) \|_2^2$，于是

$$\| Ff - Fg \|_2 \leqslant \sqrt{2\pi} \| f - g \|_2, \quad 对\ f, g \in L^2(\mathbf{R}),$$

所以当 $f \to g$ 时 $Ff \to Fg$，即 Fourier 变换是连续的.

例 2.2.9 证明：$G(x) = \int_a^b | x(t) | dt \, (x(t) \in C[a,b])$ 是 $C[a,b] \to \mathbf{R}$ 上的连续映射(泛函).

证明 对任意 $x(t),y(t)\in C[a,b]$，

$$\begin{aligned}|G(x)-G(y)| &= \left|\int_a^b |x(t)|\,\mathrm{d}t-\int_a^b |y(t)|\,\mathrm{d}t\right| \\ &\leqslant \int_a^b ||x(t)|-|y(t)||\,\mathrm{d}t \\ &\leqslant \int_a^b |x(t)-y(t)|\,\mathrm{d}t \leqslant \int_a^b \max_{a\leqslant s\leqslant b}|x(s)-y(s)|\,\mathrm{d}t \\ &= (b-a)\|x-y\|_\infty,\end{aligned}$$

所以 $G(x)$ 是 $C[a,b]$ 上的一个连续泛函.

下面的表 2.1 给出了常见的 Banach 空间.

表 2.1 常见 Banach 空间

记号	定义	典型范数
$\mathbf{R}^n$ 或 $\mathbf{C}^n$	以 n 元数组 $x=(\xi_1,\xi_2,\cdots,\xi_n)$ 为向量构成	$\|x\|_p=\left(\sum_{k=1}^n\|\xi_k\|^p\right)^{1/p}$，$1\leqslant p<\infty$ $\|x\|_\infty=\max_{1\leqslant k\leqslant n}\|\xi_k\|$
l^p	由满足 $\sum_{k=1}^\infty\|\xi_k\|^p<\infty$ 的数列 $x=(\xi_k)$ 为向量构成	$\|x\|_p=\left(\sum_{k=1}^\infty\|\xi_k\|^p\right)^{1/p}$
l^∞	由有界数列 $x=(\xi_k)$ 为向量构成	$\|x\|=\sup_{1\leqslant k}\|\xi_k\|$
c	由收敛数列 $x=(\xi_k)$ 为向量构成	$\|x\|=\sup_{1\leqslant k}\|\xi_k\|$
$B(T)$	由数集 T 上有界函数 $x(t)$ 构成	$\|x\|=\sup_{t\in T}\|x(t)\|$
$C[a,b]$	由区间 $[a,b]$ 上连续函数 $x(t)$ 构成	$\|x\|=\max_{t\in[a,b]}\|x(t)\|$
$C^n[a,b]$	由具有 $n-1$ 次连续可导的函数 $x(t)$ 构成	$\|x\|=\sum_k^{n-1}\max_{t\in[a,b]}\|x^{(k)}(t)\|$
$C_0(\mathbf{R})$	由满足 $\lim_{\|t\|\to\infty}x(t)=0$ 的函数 $x(t)$ 构成	$\|x\|=\sup_{t\in\mathbf{R}}\|x(t)\|$
$BV[a,b]$	由区间 $[a,b]$ 上右连续的有界变差函数 $x(t)$ 构成	$\|x\|=\|x(a)\|+V(x)$， 其中 $\overset{b}{\underset{a}{V}}(x)=\sup_{a=t_1<t_2<\cdots<t_n=b}\sum_{k=1}^n\|x(t_k)-x(t_{k-1})\|$ 为 x 的全变差

2.3 有限维赋范空间

有限维赋范空间在实际问题中是非常常见的，如欧氏空间、多项式空间、有限个向量生成的子空间. 对有限维的赋范空间特殊性的了解也是认识无限维赋范空间的重要途径.

设 X 为一个 Banach 空间，$E \subset X$ 为一个非空集合. 如果对于 E 中任何一个序列 $\{x_n\}$，都有它的一个收敛的子列 $\{x_{n_k}\}$，若它的极限为 $\lim\limits_{k\to\infty} x_{n_k} = x_0 \in E$，则称 E 为 X 的一个**紧集**. 欧氏空间 $\mathbf{R}^n$（或 $\mathbf{C}^n$）中任何有界闭集都是紧集. 赋范线性空间的紧集是实数集的闭区间（有界闭集）或欧氏空间 $\mathbf{R}^n$ 中有界闭集概念的推广，利用紧集可将有限维空间一些性质推广到无限空间.

定理 2.3.1 （1）Banach 空间的紧集必是有界闭集，反之不成立.

（2）Banach 空间 X 的子集 M 是紧的当且仅当 M 是闭的全有界集，即 M 是闭集且对任意 $\varepsilon > 0$，存在有限个向量 $x_1, x_2, \cdots, x_n \in M$ 使得 $M \subset \bigcup\limits_{k=1}^{n} B(x_k, \varepsilon)$，其中

$$B(x_k, \varepsilon) = \{x \in X \mid \| x - x_k \| < \varepsilon\}, \quad x_k \in X, k = 1, 2, \cdots, n.$$

证明 （1）设 E 是 Banach 空间 X 的一个非空紧集. 要证 E 是闭集，只需证该集合中收敛序列的极限也含在 E 中. 为此设 $\{x_n\} \subset E$，它在 X 中收敛且 $\lim\limits_{n} x_n = x$. 由于 E 是紧集，$\{x_n\}$ 必有收敛于 E 的子列. 而收敛序列的极限与子列的极限相同，所以 $x \in E$. 其次，若 E 是无界的，则对每一 $n \in \mathbf{N}$，存在 $x_n \in E$ 使得 $\| x_n \| > n$. 又由 E 是紧集，序列 $\{x_n\}$ 必有子列 $\{x_{n_k}\}$ 收敛于 E 的一个向量，从而 $\{x_{n_k}\}$ 必有界，但这与 $\| x_{n_k} \| > n_k, k = 1, 2, \cdots$ 矛盾，所以 E 必有界.

对无限维赋范空间 l^2，令 $E = \{x = (\xi_1, \xi_2, \cdots) \in l^2 \mid \| x \| \leqslant 1\}$. 易证 E 是有界闭集，但它却不是紧集. 例如，令 $e_n = (0, \cdots, 0, \underset{n}{1}, 0, \cdots), n \geqslant 1$，$\{e_n\}_{n=1}^{\infty} \subset E$ 是一个有界序列. 但对于 $m \neq n$，$\| e_n - e_m \| = \sqrt{2}$. 这意味着 $\{e_n\}$ 不包含收敛子列，从而有界闭集 E 不是紧集.

（2）设 M 是 Banach 空间 X 的一个非空紧子集. 由（1）可知 M 是闭的. 假设 M 不是全有界的，那么存在 $\varepsilon_0 > 0$，对任意有限个向量 $x_1, x_2, \cdots, x_n \in M$，有 $M \not\subset \bigcup\limits_{k=1}^{n} B(x_k, \varepsilon_0)$. 任取 $x_1 \in M$，由 $M \not\subset B(x_1, \varepsilon_0)$，存在 $x_2 \in M$ 使 $x_2 \notin B(x_1, \varepsilon_0)$；再由 $M \not\subset \bigcup\limits_{k=1}^{2} B(x_k, \varepsilon_0)$，存在 $x_3 \in M$ 使得 $x_3 \notin \bigcup\limits_{k=1}^{2} B(x_k, \varepsilon_0)$. 依次类推，存在序列 $\{x_n\} \subset M$ 使得 $x_{n+1} \notin \bigcup\limits_{k=1}^{n} B(x_k, \varepsilon_0), n \geqslant 1$. 这样对 $n \neq m$，$\| x_m - x_n \| \geqslant \varepsilon_0$，因此 $\{x_n\}$ 不含有收敛子列，与 M 是紧集矛盾. 所以 M 必是闭的全有界的.

设 M 是 Banach 空间 X 的一个非空闭全有界集. 任取一序列 $\{x_n\} \subset M$. 由 M 是

全有界的,存在有限个半径为 1 的开球之并包含 M,因而可知存在向量 $y_1 \in M$,使得 $B(y_1,1)$ 包含 $\{x_n\}$ 的无穷多项,并取 $x_{k_1} \in B(y_1,1)$;同理,存在 $y_2 \in M$,使得 $B(y_2,1/2) \cap B(y_1,1)$ 包含 $\{x_n\}$ 的无穷多项,并取 $x_{k_2} \in B(y_2,1/2) \cap B(y_1,1)$. 依次归纳下去,存在 $\{y_n\} \subset M$,使对任意 $n \geqslant 1$, $\bigcap_{l=1}^{n} B(y_k,1/l)$ 包含序列 $\{x_n\}$ 的无穷多个项,且 $x_{k_n} \in \bigcap_{l=1}^{n} B(y_k,1/l)$. 作为 $\{x_n\}$ 的子列, $\{x_{k_n}\}$ 显然是一个 Cauchy 列,从而在 M 中收敛. 所以 M 是紧集. □

定理 2.3.2 设 E 为 Banach 空间 X 的一个非空紧集, $f: X \to \mathbf{R}$ 为一个连续泛函,则 f 在 E 上必有最大值和最小值.

证明 首先, $f(E)$ 是有界的. 事实上,假设 $f(E)$ 无界,对每个正整数 n,可以依次取 $x_n \in E$ 使得 $|f(x_n)| \geqslant n$. 根据 E 是紧集, $\{x_n\}$ 必有收敛的子列 $\{x_{n_k}\}_{k=1}^{\infty}$ 使得 $x_{n_k} \to x_0 \in E(k \to \infty)$. 由 f 在 E 上是连续的, $f(x_{n_k}) \to f(x_0)$,因而 $\{f(x_{n_k})\}$ 是有界的. 但 $|f(x_{n_k})| \geqslant n_k (k \geqslant 1)$ 表明 $\{f(x_{n_k})\}$ 是无界的,这个矛盾说明 $f(E)$ 是有界的.

其次,令 $\alpha = \inf f(E)$, $\beta = \sup f(E)$,则 $-\infty < \alpha \leqslant \beta < \infty$. 对于任意的正整数 n,可以取 $x_n \in E$ 使得 $\alpha \leqslant f(x_n) < \alpha + \frac{1}{n}$. 取 $\{x_n\}$ 收敛子列 $\{x_{n_k}\}_{k=1}^{\infty}$ 使

$$\lim_{k \to \infty} x_{n_k} = x' \in E,$$

从而由 $\alpha \leqslant f(x_{n_k}) < \alpha + \frac{1}{n_k}$ 可以得到 $f(x') = \alpha$. 同理,可以证明存在 $x'' \in E$ 使 $f(x'') = \beta$. 这样就有

$$\alpha = f(x') \leqslant f(x) \leqslant f(x'') = \beta$$

对任意 $x \in E$ 成立. 所以 α 与 β 分别是 f 在 E 上的最小值与最大值. □

引理 2.3.3 设 $e_1, e_2, \cdots, e_n$ 是赋范线性空间 X 的有限个线性无关的向量,则存在 $c > 0$,使得对任意实数 $\alpha_1, \alpha_2, \cdots, \alpha_n$, $\left\| \sum_{k=1}^{n} \alpha_k e_k \right\| \geqslant c \sum_{k=1}^{n} |\alpha_k|$.

证明 不妨设 $d = \sum_{k=1}^{n} |\alpha_k| > 0$. 令 $\frac{\alpha_k}{d} = \beta_k$, $1 \leqslant k \leqslant n$,则对任意实数 $\alpha_1, \alpha_2, \cdots, \alpha_n$, $\left\| \sum_{k=1}^{n} \alpha_k e_k \right\| \geqslant c \sum_{k=1}^{n} |\alpha_k|$ 成立等价于对 $\sum_{k=1}^{n} |\beta_k| = 1$, $\left\| \sum_{k=1}^{n} \beta_k e_k \right\| \geqslant c$.

假若这样的实数 c 不存在,则

$$\inf_{\sum_{l=1}^{n} |\beta_l| = 1} \left\| \sum_{l=1}^{n} \beta_l e_l \right\| = 0.$$

故存在实数列 $\beta_1^{(m)}, \beta_2^{(m)}, \cdots, \beta_n^{(m)}$ 满足 $\sum_{l=1}^{n} |\beta_l^{(m)}| = 1$,且 $\left\| \sum_{l=1}^{n} \beta_l^{(m)} e_l \right\| \to 0 (m \to \infty)$. 由

于$\{\beta_1^{(m)}\}_{m=1}^{\infty}$是有界的，存在收敛子列$\{\beta_1^{(m_{1,k})}\}_{k=1}^{\infty}$，记其极限为$\beta_1$. 再由$\{\beta_2^{(m_{1,k})}\}_{k=1}^{\infty}$有界，存在收敛子列$\{\beta_2^{(m_{2,k})}\}_{k=1}^{\infty}$，记其极限为$\beta_2$（注意$\{\beta_1^{(m_{2,k})}\}_{k=1}^{\infty}$为$\{\beta_1^{(m_{1,k})}\}_{k=1}^{\infty}$的子列，收敛于$\beta_1$）. 依次类推可知，存在收敛子列$\{\beta_1^{(m_{n,k})}\}_{k=1}^{\infty}$，$\{\beta_2^{(m_{n,k})}\}_{k=1}^{\infty}$，…，$\{\beta_n^{(m_{n,k})}\}_{k=1}^{\infty}$分别收敛于$\beta_1,\beta_2,\cdots,\beta_n$. 由$\sum\limits_{l=1}^{n}|\beta_l^{(m_{n,k})}|=1$知$\sum\limits_{l=1}^{n}|\beta_l|=1$. 记$x_k=\sum\limits_{l=1}^{n}\beta_l^{(m_{n,k})}e_l,k\geqslant 1$. 由假设，

$$\sum_{l=1}^{n}\beta_l^{(m_{n,k})}e_l\to\sum_{l=1}^{n}\beta_l e_l=\theta,$$

这与$e_1,e_2,\cdots,e_n$线性无关矛盾. 所以引理的结论成立. □

定理 2.3.4 有限维赋范空间中的有界闭集都是紧的.

证明 假设X是一个N维实赋范空间，且$\mathbf{R}^N$赋予范数$\|\quad\|_1$. 取X的一个基$\{e_1,e_2,\cdots,e_N\}$，对任意$(c_1,c_2,\cdots,c_N)\in\mathbf{R}^N$，由引理2.3.3，存在常数$\alpha>0$使

$$\left\|\sum_{n=1}^{N}c_n e_n\right\|\geqslant\alpha\sum_{n=1}^{N}|c_n|.$$

而

$$\left\|\sum_{n=1}^{N}c_n e_n\right\|\leqslant\sum_{n=1}^{N}|c_n|\;\|e_n\|=\max_{1\leqslant n\leqslant N}\|e_n\|\sum_{n=1}^{N}|c_n|,$$

记$\beta=\max\limits_{1\leqslant n\leqslant N}\|e_n\|$，则有

$$\alpha\sum_{n=1}^{N}|c_n|\leqslant\left\|\sum_{n=1}^{N}c_n e_n\right\|\leqslant\beta\sum_{n=1}^{N}|c_n|.$$

定义映射$\varphi:X\to\mathbf{R}^N$，$\varphi\left(\sum\limits_{n=1}^{N}c_n e_n\right)=(c_1,c_2,\cdots,c_N)$，则上式可表示成

$$\alpha\|\varphi(x)\|_1\leqslant\|x\|\leqslant\beta\|\varphi(x)\|_1,\quad x\in X$$

或

$$\frac{1}{\beta}\|x\|\leqslant\|\varphi(x)\|_1\leqslant\frac{1}{\alpha}\|x\|,\quad x\in X.$$

上式表明φ是1-1映射且φ,φ^{-1}都连续. 对X的任一有界闭集M及序列$\{x_n\}\subset M$，上式也表明$\{\varphi(x_n)\}$为$\mathbf{R}^N$的有界序列，因而存在子列$\{x_{n_k}\}_{k=1}^{\infty}$使得$\{\varphi(x_{n_k})\}$收敛. 记$\lim\limits_{n\to\infty}\varphi(x_{n_k})=c$，则

$$x_{n_k}=\varphi^{-1}(\varphi(x_{n_k}))\to\varphi^{-1}(c)=x_0.$$

由M是闭集，$x_0\in M$，从而M是紧集. □

定义 2.3.1 对于赋范线性空间X的两种范数$\|\quad\|_1$，$\|\quad\|_2$，若存在常数$c_1,c_2>0$，使对任意$x\in X$，有

$$c_1\|x\|_1\leqslant\|x\|_2\leqslant c_2\|x\|_1,$$

则称这两个范数是等价的.

显然，等价的范数导出相同的拓扑性质.

定理 2.3.5　有限维赋范线性空间的任何两个范数都是等价的.

证明　设 $\| \ \|$ 和 $\| \ \|'$ 是实有限线性空间 X 的两个范数，且 $\dim X = n$. 取 $\{e_1, e_2, \cdots, e_n\}$ 是 X 的一个基，记 $M = \max\limits_{1 \leqslant k \leqslant n} \| e_k \|$，$M' = \max\limits_{1 \leqslant k \leqslant n} \| e_k \|'$.

对任意 $x = \sum\limits_{k=1}^{n} c_k e_k \in X$，由引理 2.3.3，存在实数 $c, c' > 0$，使得

$$\| x \| = \left\| \sum_{k=1}^{n} c_k e_k \right\| \geqslant c \sum_{k=1}^{n} | c_k |,$$

$$\| x \|' = \left\| \sum_{k=1}^{n} c_k e_k \right\|' \geqslant c' \sum_{k=1}^{n} | c_k |.$$

而

$$\| x \| \leqslant \sum_{k=1}^{n} | c_k | \, \| e_k \| \leqslant M \sum_{k=1}^{n} | c_k |,$$

$$\| x \|' \leqslant M' \sum_{k=1}^{n} | c_k |,$$

于是

$$\| x \| \leqslant M \sum_{k=1}^{n} | c_k | \leqslant \frac{M \| x \|'}{c'},$$

$$\| x \| \geqslant c \sum_{k=1}^{n} | c_k | \geqslant \frac{c}{M'} \| x \|',$$

即

$$\frac{c}{M'} \| x \|' \leqslant \| x \| \leqslant \frac{M \| x \|'}{c'},$$

所以 $\| \ \|$ 与 $\| \ \|'$ 等价. □

定义 2.3.2　设 X 与 Y 为两个赋范空间，若存在 1-1 映射 $\varphi: X \to Y$，

(1) 存在常数 $0 < \alpha < \beta < \infty$，使 $\alpha \| x \| \leqslant \| \varphi(x) \| \leqslant \beta \| y \|$ 对任意 $x \in X$ 成立；

(2) 对任意 $\lambda, \mu \in \mathbf{R}$ 及 $x, y \in X$，有 $\varphi(\lambda x + \mu y) = \lambda \varphi(x) + \mu \varphi(y)$，

则称赋范空间 X 与 Y 是**同构**的. 特别当 $\| \varphi(x) \| = \| x \|$ 对任意 $x \in X$ 成立时，称赋范空间 X 与 Y 是**等距同构**的.

同构的赋范线性空间结构性质相同，可以看成是一样的，不需加以区别. 由定理2.3.4的证明可以知道，任何 n 维赋范线性空间都与 $\mathbf{R}^n$ 或 $\mathbf{C}^n$ 同构，因而有限维赋范线性空间都是完备的.

引理 2.3.6（Reisz 引理）　设 X 是一个赋范线性空间，Y 是 X 的一个真闭子空间，对任意 $\delta \in (0,1)$，存在单位向量 $x_0 \in X \backslash Y$，使对任意 $y \in Y$ 有

$$\| x_0 - y \| \geqslant \delta.$$

证明 设 $x' \in X$ 且 $x' \notin Y$. 记 $\alpha = \inf_{y \in Y} \| x' - y \|$,则 $\alpha > 0$. 对 $\delta \in (0,1)$,由下确界定义,存在 $y_1 \in Y$ 使 $\alpha \leqslant \| x' - y_1 \| \leqslant \frac{\alpha}{\delta}$. 令 $x_0 = \frac{1}{\| x' - y_1 \|}(x' - y_1)$,则 $\| x_0 \| = 1$. 对任意 $y \in Y$,有

$$\begin{aligned} \| x_0 - y \| &= \left\| \frac{x' - y_1 - \| x' - y_1 \| y}{\| x' - y_1 \|} \right\| \\ &= \frac{1}{\| x' - y_1 \|} \| x' - (y_1 + \| x' - y_1 \| y) \| \\ &\geqslant \frac{\delta}{\alpha} \alpha = \delta. \end{aligned}$$

□

定理 2.3.7 赋范线性空间是有限维的当且仅当它的单位闭球是紧集.

证明 设 X 是一个非平凡的赋范线性空间,由定理 2.3.4,只需证明当 X 的单位闭球是紧集时,X 是有限维的.

用反证法,假设 X 的单位球是紧集,而 X 是无限维的. 取单位向量 $e_1 \in X$,$M_1 = \mathrm{span}\{e_1\}$,$M_1$ 是 X 的真闭子空间,由 Reisz 引理,存在单位向量 $e_2 \in X$ 使得

$$\inf_{m \in M_1} \| e_2 - m \| \geqslant \frac{1}{2},$$

于是

$$\| e_2 - e_1 \| \geqslant \frac{1}{2}.$$

令 $M_2 = \mathrm{span}\{e_1, e_2\}$,同理存在单位向量 $e_3 \in X$ 使得 $\inf_{m \in M_2} \| e_3 - m \| \geqslant \frac{1}{2}$,于是

$$\| e_3 - e_1 \| \geqslant \frac{1}{2} \| e_3 - e_2 \| \geqslant \frac{1}{2}.$$

依次归纳地做下去,可构造出 X 的单位向量序列 $\{e_n\}$ 使得

$$\| e_n - e_m \| \geqslant \frac{1}{2}, \quad n \neq m.$$

因此 $\{e_n\}$ 不含收敛的子列,与 X 的单位闭球是紧集矛盾. □

该定理给出了有限与无限维赋范空间的根本差异.

2.4 Banach 空间中最佳逼近问题

2.4.1 有限逼近

在许多实际问题中,需要将一个复杂函数用有限个简单函数的线性组合来近似表示,如函数的多项式近似表示. 考虑这类问题时必须将函数置于合适的函数空间,并用合适的范数衡量近似表示的误差. 最佳逼近就是寻求误差最小的逼近,有

限最佳逼近问题可表述如下：

对数域 F 上 Banach 空间 X 中的 n 个向量 $e_1,e_2,\cdots,e_n$ 及任一向量 $x\in X$，找出一组 $\lambda_1,\lambda_2,\cdots,\lambda_n\in F$，使得

$$\|x-(\lambda_1e_1+\lambda_2e_2+\cdots+\lambda_ne_n)\|=\inf_{\mu_1,\cdots,\mu_n\in F}\|x-(\mu_1e_1+\mu_2e_2+\cdots+\mu_ne_n)\|.$$

更一般地，设 M 为 X 的一个子空间，x 为 X 的任意一个向量，选择 $x_0\in M$，使得

$$\|x-x_0\|\leqslant\|x-x'\|,\quad 对任意\ x'\in M$$

或

$$\|x-x_0\|=\inf_{x'\in M}\|x-x'\|.$$

若存在这样的 x_0，则称它为 x 在 M 中的一个**最佳逼近元**(见图 2.5).

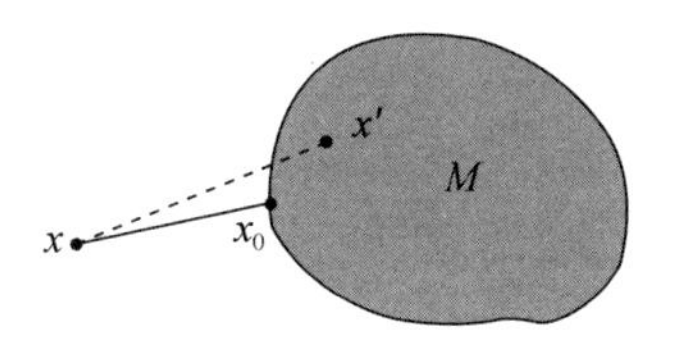

图 2.5

显然，当 $x_0=\lambda_1e_1+\lambda_2e_2+\cdots+\lambda_ne_n$ 为 x 的最佳逼近元时，x 的近似表示 $x\approx\lambda_1e_1+\lambda_2e_2+\cdots+\lambda_ne_n$ 具有**最小**误差.

定理 2.4.1 设 M 为赋范空间 X 的一个有限维子空间，那么对任意 $x\in X$，x 在 M 中存在最佳逼近元.

证明 对于 $x\in X$，定义

$$\varphi(m)=\|x-m\|,\quad m\in M,$$

只需证明 φ 有最小值即可.

显然 φ 是连续的. 令 $B=\{m\in M\mid \|m\|\leqslant 2\|x\|\}$，则 B 是 M 的一个有界闭集，从而 B 是一个紧集，φ 在 B 上有最小值，记它的一个最小值点为 $m_0\in B$. 对于任意 $m'\in M$ 且 $m'\notin B$，有 $\|m'\|>2\|x\|$. 于是

$$\varphi(m')=\|x-m'\|\geqslant\|m'\|-\|x\|>\|x\|=\varphi(\theta),$$

由 $\theta\in B$ 知 $\varphi(m')\geqslant\varphi(\theta)\geqslant\varphi(m_0)$. 所以对任意 $m\in M$，$\varphi(m)\geqslant\varphi(m_0)$，即 m_0 为 x 在 M 中的一个逼近元. □

Banach 空间 $C[a,b]$ 的一个典型有限维子空间为

$$P_n=\operatorname{span}\{x_0,x_1,\cdots,x_n\},\quad x_i(t)=t^i,\quad 0\leqslant i\leqslant n.$$

显然 P_n 是由次数不超过 n 的多项式组成的子空间. 定理 2.4.1 表明，对于任意一个连续函数 $x(t)$，存在一个次数不超过 n 的多项式 p_n，使得对任意 $y(t)\in Y$，

$$\max_{t\in[a,b]}|x(t)-p_n(t)|\leqslant\max_{t\in[a,b]}|x(t)-y(t)|,$$

即

$$\| x-p_n \|_\infty \leqslant \| x-y \|_\infty.$$

多项式 p_n 称为 x 的 n 次一致逼近多项式.

一般情况下,Banach 空间中向量在有限维子空间的最佳逼近元不一定唯一. 但关于最佳逼近元的唯一性,可用空间的严格凸性给出一个充分条件.

定义 2.4.1 对赋范空间 X,若任意 $x,y\in X$ 使 $x\neq y$, $\|x\|=\|y\|=1$, 有 $\left\|\frac{1}{2}x+\frac{1}{2}y\right\|<1$,则称 X 为一个**严格凸的赋范空间**.

X 为严格凸的赋范空间**当且仅当** X **的单位球面不包含线段**. 由图 2.2 可见,$\mathbf{R}^2$ 关于 $\|\ \ \|_2$ 是严格凸的,关于 $\|\ \ \|_1$ 和 $\|\ \ \|_\infty$ 都不是严格凸的.

定理 2.4.2 设 X 为一个严格凸的赋范空间,M 为它的一个有限维子空间,那么任意一个 $x\in X$ 在 M 中有唯一的逼近元.

证明 不妨设 $x\notin M$ 且 x 在 M 中的最佳逼近元之集 $G\neq\varnothing$. 记

$$d=\inf_{y\in M}\|x-y\|.$$

任取 $x_0,x_1\in G,\lambda\in(0,1)$,则

$$d=\|x-x_0\|=\|x-x_1\|,$$

$$\|x-[\lambda x_0+(1-\lambda)x_1]\|=\lambda\|x-x_0\|+(1-\lambda)\|x-x_1\|=d,$$

所以 $\lambda x_0+(1-\lambda)x_1$ 也是 x 在 M 中的最佳逼近元,即 $\lambda x_0+(1-\lambda)x_1\in G$,从而 G 是凸集.

假设 G 不是单点集,由 $x\notin M$ 知 $d>0$. 取 $x_0,x_1\in G,x_0\neq x_1$,则

$$\left\|\frac{1}{d}(x-x_0)\right\|=\left\|\frac{1}{d}(x-x_1)\right\|=1,$$

又 $\frac{1}{2}(x_0+x_1)\in G$,则

$$\left\|\frac{1}{2d}(x-x_0)+\frac{1}{2d}(x-x_1)\right\|=\frac{1}{d}\left\|x-\frac{1}{2}(x_0+x_1)\right\|=1,$$

这与 X 是严格凸的矛盾. 所以 G 只能为单点集,即 x 的最佳逼近元是唯一的. □

2.4.2 多项式逼近

最佳逼近元与空间范数的选取密切相关,范数要根据逼近的目的进行选择. 连续函数常用的两种逼近为**一致逼近**和**均方逼近**. 前者采用范数 $\|\ \ \|_\infty$,后者采用范数 $\|\ \ \|_2$. 一致逼近元能保证在所考虑区间上对函数有一致的逼近效果,通常是比较理想的. 均方逼近元的唯一性及计算,用 Hilbert 空间容易处理,但一致逼近元的唯一性不能由严格凸性得到,需用函数分析去证明.

考虑用实空间 $C[a,b]$ 的有限维子空间 Y 中的元素逼近 $C[a,b]$ 的任意一个函

数.由于 $C[a,b]$ 关于 $\|\ \|_\infty$ 不是严格凸的,故最佳逼近元的唯一性还需另外分析.对$[a,b]$上连续的函数 $f(t)$,若 n 次多项式 $p^*(t)=a_0+a_1t+\cdots+a_nt^n$ 满足

$$\|f(t)-p^*(t)\|_\infty=\min_{p_n\in P_n}\|f(t)-p_n(t)\|_\infty,$$

则称 p^* 为 $f(t)$ 的**一致最佳逼近多项式.**

对于 $x(t)\in C[a,b]$,如果 $t_0\in[a,b]$ 使得 $\|x\|=|x(t_0)|$,则称 t_0 为 x 的一个**极值点**.称 $C[a,b]$ 的一个 n 维子空间 Y 满足 **Haar 条件**,若每个非零 $y(t)\in Y$ 最多有 $n-1$ 个零点.一个简单的例子就是 Y 是由最高次数不超过 $n-1$ 的实系数多项式构成的 n 维子空间,显然满足 Haar 条件.

定理 2.4.3 $C[a,b]$ 的 n 维子空间 Y 满足 Haar 条件,当且仅当对 Y 的任意一组基向量 $y_1,y_2,\cdots,y_n$ 以及任意互异的 $t_1,t_2,\cdots,t_n\in[a,b]$,有

$$G=\begin{vmatrix} y_1(t_1) & y_1(t_2) & \cdots & y_1(t_n) \\ y_2(t_1) & y_2(t_2) & \cdots & y_2(t_n) \\ \vdots & \vdots & & \vdots \\ y_n(t_1) & y_n(t_2) & \cdots & y_n(t_n) \end{vmatrix}\neq 0.$$

证明 Y 满足 Haar 条件等价于 Y 中任一函数若有 n 个或 n 个以上零点,则它必为零函数.对任意 $y\in Y$,令 $y=\sum_{k=1}^{n}\alpha_k y_k$.取互异的点 $t_1,t_2,\cdots,t_n\in[a,b]$,则

$$\begin{bmatrix} y(t_1) \\ y(t_2) \\ \vdots \\ y(t_n) \end{bmatrix}=\begin{bmatrix} y_1(t_1) & y_1(t_2) & \cdots & y_1(t_n) \\ y_2(t_1) & y_2(t_2) & \cdots & y_2(t_n) \\ \vdots & \vdots & & \vdots \\ y_n(t_1) & y_n(t_2) & \cdots & y_n(t_n) \end{bmatrix}^{\mathrm{T}}\begin{bmatrix} \alpha_1 \\ \alpha_2 \\ \vdots \\ \alpha_n \end{bmatrix},$$

而 Haar 条件意味着

$$y(t_k)=0\ (k=1,2,\cdots,n)\quad 等价于\quad \alpha_1=\alpha_2=\cdots=\alpha_n=0,$$

即 $y=\theta$,所以 $G\neq 0$. □

引理 2.4.4 设 Y 是 $C[a,b]$ 的满足 Haar 条件的 n 维子空间,若对 $x\in C[a,b]$ 及 $y\in Y$,函数 $x-y$ 具有少于 $n+1$ 个极值点,那么 y 必然不是 x 的最佳逼近点.

定理 2.4.5(Haar 唯一性) 令 Y 是实空间 $C[a,b]$ 的有限维子空间,$C[a,b]$ 中的函数在 Y 中的最佳逼近元是唯一的当且仅当 Y 满足 Haar 条件.

推论 2.4.6 $C[a,b]$ 的任一函数 x 在 P_n 中的一致最佳逼近多项式是唯一的.

定理 2.4.7(Chebyshev) 一个 n 次多项式 $p(t)$ 为函数 $f(t)\in C[a,b]$ 的一致最佳逼近元当且仅当至少存在 $n+2$ 个点 $a\leqslant t_1<t_2<\cdots<t_{n+2}\leqslant b$,使

$$p(t_k)-f(t_k)=(-1)^k\|p(t)-f(t)\|_\infty$$

或

$$p(t_k)-f(t_k)=(-1)^{k+1}\|p(t)-f(t)\|_\infty.$$

Chebyshev定理蕴含着区间$[a,b]$上任何连续函数具有唯一的n次一致逼近多项式. 另外,n次最佳一致逼近多项式也必是函数的某个插值多项式. 由该思想提出的 Remez 算法是实现函数一致逼近多项式的有效途径(见[17]).

Chebyshev 多项式是$C[-1,1]$中一类常用于函数一致逼近的多项式.

定义 2.4.2(Chebyshev 多项式) 设n为一个正整数,令

$$C_n(t)=\cos(n\arccos t),\quad -1\leqslant t\leqslant 1,$$

$C_n(t)$是一个n次多项式,称为n次 Chebyshev 多项式.

如图 2.6 所示,$C_n(t)$在$[-1,1]$内有n个零点,即

$$t_k=\cos\left(\frac{2k-1}{2n}\pi\right),\quad k=1,2,\cdots,n.$$

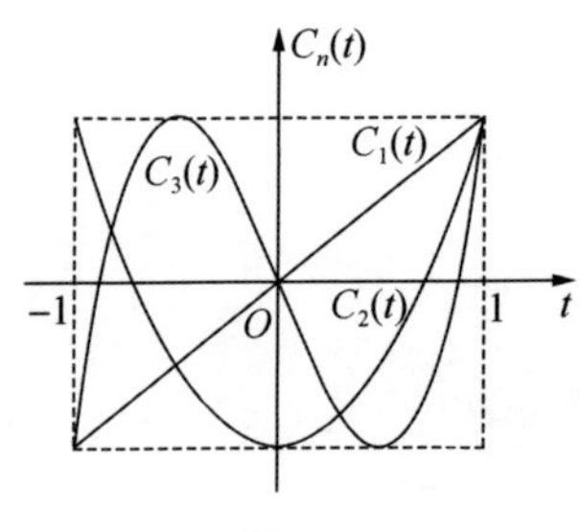

图 2.6

$C_n(t)$是t的n次多项式,最高次项的系数为2^{n-1}. 由定理2.4.7可知,$2^{1-n}C_n(t)$是距离$x(t)\equiv 0$最小的高次项系数为1的n次多项式. 利用三角函数的性质,有

$$C_{n+1}(t)+C_{n-1}(t)=2tC_n(t),$$

从而有以下递推公式:

$$C_{n+1}(t)=2tC_n(t)-C_{n-1}(t),\quad n=1,2,\cdots,$$

即

$$C_0(t)=1,\quad C_1(t)=t,\quad C_2(t)=2t^2-1,\quad C_3(t)=4t^3-3t,$$
$$C_4(t)=8t^4-8t^2+1,\quad C_5(t)=16t^5-20t^3+5t,\quad \cdots.$$

连续函数的一致最佳逼近多项式是唯一的,但$C[a,b]$关于范数$\|\quad\|_\infty$并不是一致凸的. 例如,取$x_1(t)=1,x_2(t)=\dfrac{t-a}{b-a}$,则

$$\|x_1\|_\infty=\|x_2\|_\infty=1,\quad \|x_1+x_2\|=\max_{t\in[a,b]}\left|1+\frac{t-a}{b-a}\right|=2.$$

所以一致凸只是最佳逼近元唯一的充分条件.

2.5 有界线性算子

线性空间之间的变换或映射称为算子,赋范线性空间上的有界线性算子是一

类常用的算子.

定义 2.5.1 设 X,Y 为赋范线性空间,$A:X\to Y$ 为一个映射.若对于任意的 $x,y\in X,\lambda,\mu\in F$ 有 $A(\lambda x+\mu y)=\lambda Ax+\mu Ay$,则称 A 是 X 到 Y 的一个**线性算子**.若存在常数 M,使得线性算子 $A:X\to Y$ 满足 $\|Ax\|\leqslant M\|x\|$ 对任意 $x\in X$ 成立,则称 A 为一个**有界线性算子**.将 X 到 Y 的有界线性算子之集记为 $B(X,Y)$. $B(X,X)$ 简写为 $B(X)$.

定义 2.5.2(算子的范数) 对 $A\in B(X,Y)$,令

$$\|A\|=\sup_{x\in X\setminus\{\theta\}}\frac{\|Ax\|}{\|x\|},$$

则称 $\|A\|$ 为 A 的范数.

有界线性算子的范数实际上是范数伸缩率的上确界,可以证明

$$\|A\|=\sup_{\|x\|\leqslant 1}\|Ax\|=\sup_{\|x\|=1}\|Ax\|.$$

例 2.5.1 设函数 $k(s,t)$ 在 $[a,b]\times[a,b]$ 上连续,定义 $A:C[a,b]\to C[a,b]$,使

$$(Ax)(t)=\int_a^b k(s,t)x(s)\mathrm{d}s,\quad 对\ x(t)\in C[a,b],$$

则 A 为一个有界线性算子.

A 显然是线性的,它也是有界的,因为

$$\begin{aligned}\|Ax\|_\infty&\leqslant\max_{a\leqslant t\leqslant b}\int_a^b|k(t,s)|\mathrm{d}s\max_{a\leqslant t\leqslant b}|x(t)|\\&=\max_{a\leqslant t\leqslant b}\int_a^b|k(t,s)|\mathrm{d}s\|x\|_\infty.\end{aligned}$$

该算子 A 被称为 **Fredholm 积分算子**.

例 2.5.2 Fourier 变换 $F:L^2(\mathbf{R})\to L^2(\mathbf{R})$,且

$$(Fx)(\omega)=\hat{x}(\omega)=\int_{-\infty}^{\infty}x(t)\mathrm{e}^{-\mathrm{i}\omega t}\mathrm{d}t,\quad x(t)\in L^2(\mathbf{R})$$

是一个有界线性算子.

由 Plancherel 等式 $\|Fx\|^2=2\pi\|x\|^2$ 可知,$\|F\|=\sqrt{2\pi}$.

例 2.5.3 用 l^∞ 表示离散信号空间,取 $h=(h_k)\in l^1$ 为一个线性时不变滤波器的单位脉冲响应,系统的输入输出关系表示为

$$y=Hx,\quad y_n=\sum_{k=-\infty}^{\infty}h_kx_{n-k},$$

则 $H:l^\infty\to l^\infty$ 为一个有界(稳定)线性算子(见图 2.7).

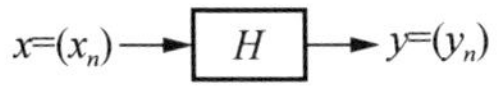

$x=(x_n)\to$ H $\to y=(y_n)$

图 2.7

证明 对 $x=(x_n)\in l^\infty$,有

$$\|Hx\|_\infty = \|y\|_\infty = \sup_n \left| \sum_{k=-\infty}^{\infty} h_k x_{n-k} \right| \leqslant \sum_{k=-\infty}^{\infty} |h_k| \sup_n |x_n|$$

$$\leqslant \sum_{k=-\infty}^{\infty} |h_k| \|x\|_\infty,$$

所以 H 是有界的,且 $\|H\| \leqslant \sum_{k=-\infty}^{\infty} |h_k| < \infty$.

对整数 $N \geqslant 1$,令

$$x^{(N)} = (\cdots, 0, \operatorname{sign}(h_N), \operatorname{sign}(h_{N-1}), \cdots, \operatorname{sign}(h_{-N}), 0, \cdots),$$

则

$$\|x^{(N)}\|_\infty \leqslant 1,$$

$$\|H\| \geqslant \|Hx^{(N)}\|_\infty \geqslant \left| \sum_{k=-\infty}^{\infty} h_k x_{0-k}^{(N)} \right| \geqslant \sum_{k=-N}^{N} |h_k|, \quad N \geqslant 1,$$

所以 $\|H\| \geqslant \sum_{k=-\infty}^{\infty} |h_k|$.

从而 $\|H\| = \sum_{k=-\infty}^{\infty} |h_k|$.

例 2.5.4 用 $C^2[a,b]$ 表示 $[a,b]$ 上的连续可导的函数空间,并视它为 Banach 空间 $C[a,b]$ 的子空间. 定义算子

$$D: C^2[a,b] \to C[a,b],$$

$$(Dx)(t) = x'(t), \quad x(t) \in C^2[a,b],$$

则 D 是一个线性算子,但它是无界的.

令 $x_n(t) = \left(\dfrac{t-a}{b-a}\right)^n, n \geqslant 1$,则

$$\|x_n\|_\infty = 1,$$

$$(Dx_n)(t) = x_n'(t) = \frac{n\left(\dfrac{t-a}{b-a}\right)^{n-1}}{b-a},$$

$$\|Dx_n\|_\infty = \frac{n}{b-a} \to \infty \quad (n \to \infty).$$

所以 D 是无界的,称为微分算子.

例 2.5.5 设线性移不变系统的脉冲响应为 $h(t)$,它的输入、输出关系表示为

$$y(t) = \int_{-\infty}^{\infty} h(t-\tau) x(\tau) \mathrm{d}\tau.$$

当 $h(t) \in L^1(\mathbf{R})$ 时,卷积算子

$$F: L^\infty(\mathbf{R}) \to L^\infty(\mathbf{R}),$$

$$(Fx)(t) = \int_{-\infty}^{\infty} h(t-\tau) x(\tau) \mathrm{d}\tau, \quad x(t) \in L^\infty(\mathbf{R})$$

是有界线性算子.

证明 对任意 $x(t) \in L^\infty(\mathbf{R})$,有

$$|(Fx)(t)| = \left|\int_{-\infty}^{\infty} h(t-\tau)x(\tau)\mathrm{d}\tau\right| \leqslant \int_{-\infty}^{\infty} |h(t-\tau)x(\tau)| \mathrm{d}\tau$$

$$\leqslant \int_{-\infty}^{\infty} |h(t)| \mathrm{d}t \|x\|_\infty,$$

所以 $\|Fx\|_\infty \leqslant \|h\|_1 \|x\|_\infty$, $\|F\| \leqslant \|h\|_1$.

另外,当 $h(t) \in L^1(\mathbf{R}) \cap L^2(\mathbf{R})$ 时,

$$F: L^2(\mathbf{R}) \to L^2(\mathbf{R}),$$

$$(Fx)(t) = \int_{-\infty}^{\infty} h(t-\tau)x(\tau)\mathrm{d}\tau, \quad x(t) \in L^2(\mathbf{R})$$

也是有界线性算子.

由卷积定理,$\widehat{(Fx)}(\omega) = \hat{h}(\omega)\hat{x}(\omega)$,且 $\hat{h}(\omega)$ 是有界的. 再由 Plancherel 等式,

$$\|Fx\|_2 = \frac{1}{\sqrt{2\pi}} \|\widehat{(Fx)}(\omega)\|_2 = \frac{1}{\sqrt{2\pi}} \|\hat{h}(\omega)\hat{x}(\omega)\|_2$$

$$\leqslant \frac{\max|\hat{h}(\omega)|}{\sqrt{2\pi}} \|\hat{x}(\omega)\|_2 = \max|\hat{h}(\omega)| \ \|x\|_2,$$

所以 $\|F\| \leqslant \|\hat{h}\|_\infty$.

线性算子有界性与连续性有如下关系:

定理 2.5.1 赋范线性空间上线性算子有界的充要条件是它是连续的.

证明 设 $A: X \to Y$ 是赋范线性空间 X 到赋范线性空间 Y 的一个线性算子. 当 A 有界时,由定义知 A 是连续的.

若 A 是连续的,任取 $x_0 \in X$,则存在$\delta > 0$ 使当 $x' \in X$, $\|x' - x_0\| < \delta$ 时

$$\|Ax' - Ax_0\| = \|A(x' - x_0)\| < 1.$$

于是,对任意的 $h \in X$ 使 $\|h\| \leqslant \delta/2$,

$$\|Ah\| = \|A(h + x_0) - Ax_0\| < 1.$$

这样,对任意非零向量 $x \in X$,

$$\left\|\frac{\delta}{2\|x\|}x\right\| = \frac{\delta}{2}, \quad \|Ax\| = \frac{2\|x\|}{\delta}\left\|A\left(\frac{\delta}{2\|x\|}x\right)\right\| \leqslant \frac{2\|x\|}{\delta}.$$

所以 A 是有界的. □

设 X, Y 为赋范线性空间,对任意 $A, B \in B(X,Y)$, $x \in X$, $\lambda \in F$,定义

$$(A+B)x = Ax + Bx, \quad (\lambda A)x = \lambda Ax,$$

则 $A+B, \lambda A \in B(X,Y)$. 这样 $B(X,Y)$ 构成一个线性空间,并且按算子范数成为一个赋范线性空间. 可以证明,当 Y 是 Banach 空间时,$B(X,Y)$ 也是一个 Banach 空间. $0: X \to Y$, $0x = \theta \in Y$, $x \in X$,称 0 为零算子,它是 $B(X,Y)$ 中的零向量. 记 $I: X \to X$, $Ix = x$,对 $x \in X$,称 I 是单位算子.

对 $A \in B(X,Y)$ 和 $B \in B(Y,Z)$，还可以定义乘积 BA：

$$(BA)x = B(Ax), \quad x \in X.$$

对 $A \in B(X)$ 及 $n \in \mathbf{N}$，可以类似定义算子的幂：

$$A^n = \overbrace{AA\cdots A}^{n\text{个}}, \quad A^0 = I.$$

由定义可知，算子的范数有下列性质：

(1) $\| Ax \| \leqslant \| A \| \| x \|$，对任意 $A \in B(X,Y)$，$x \in X$；

(2) 若 $A,B \in B(X)$，则 $\| AB \| \leqslant \| A \| \| B \|$.

关于算子集合的有界性，一致有界原理给出了对向量有界的一个判定，在研究 Fourier 级数、数列可和性以及数值积分问题中有着深刻的应用.

定理 2.5.2（一致有界原理） 设 X,Y 为 Banach 空间，且

$$\{T_\lambda \mid \lambda \in \Lambda\} \subset B(X,Y),$$

若对于任意的 $x \in X$，$\{ \| T_\lambda x \| \mid \lambda \in \Lambda\}$ 都是有界的，则 $\{T_\lambda \mid \lambda \in \Lambda\}$ 是 $B(X,Y)$ 的一个有界集，即存在 $M \geqslant 0$，使得对任意 $\lambda \in \Lambda$，$\| T_\lambda \| \leqslant M$.

2.6 对偶空间

对偶空间是赋范线性空间上有界线性泛函构成的 Banach 空间，是研究线性空间及线性算子的重要工具.

2.6.1 有界线性泛函

定义 2.6.1 设 X 为一个赋范线性空间，$f: X \to F$ 为一个线性映射，称 f 为 X 上的一个**线性泛函**；当 f 是有界的时，称 f 为 X 上的一个**有界线性泛函**.

可见，有界线性泛函是一类特殊的线性算子. 将 X 上有界线性泛函构成的 Banach 空间称为 X 的**对偶空间**(Dual Space)，记作 X^*.

有界线性泛函 f 的范数为

$$\| f \| = \sup_{x \in X, x \neq \theta} \frac{| f(x) |}{\| x \|}.$$

X^* 中的加法和数乘：对任意的 $f,g \in X^*$，$x \in X$，$\lambda \in F$，有

$$(f+g)(x) = f(x) + g(x),$$

$$(\lambda f)(x) = \lambda f(x).$$

例 2.6.1 设 $h(t) = t - \dfrac{a+b}{2}$，令

$$f(x) = \int_a^b h(t)x(t)\mathrm{d}t, \quad x(t) \in C[a,b],$$

则 f 是 Banach 空间 $C[a,b]$ 上的一个有界线性泛函,且 $\|f\|=\frac{(b-a)^2}{4}$.

证明　由积分的线性性质,f 显然是一个线性泛函.对任意 $x(t)\in C[a,b]$,

$$\begin{aligned}|f(x)|&=\left|\int_a^b h(t)x(t)\mathrm{d}t\right|\leqslant\int_a^b|h(t)x(t)|\mathrm{d}t\\&\leqslant\max_{a\leqslant t\leqslant b}|x(t)|\int_a^b|h(t)|\mathrm{d}t=\frac{(b-a)^2}{4}\|x\|_\infty,\end{aligned}$$

所以 f 是有界的,且 $\|f\|\leqslant\frac{(b-a)^2}{4}$.

另外,我们还可证明 $\|f\|\geqslant\frac{(b-a)^2}{4}$.对任意的 $0<\varepsilon<\frac{a+b}{2}$,令

$$x_1(t)=\begin{cases}-1, & a\leqslant t\leqslant\frac{a+b}{2}-\varepsilon,\\ \left(t-\frac{a+b}{2}\right)\Big/\varepsilon, & \frac{a+b}{2}-\varepsilon\leqslant t\leqslant\frac{a+b}{2}+\varepsilon,\\ 1, & \frac{a+b}{2}+\varepsilon\leqslant t\leqslant b,\end{cases}$$

显然 $x_1(t)\in C[a,b]$,$\|x_1(t)\|_\infty=1$.因为

$$\begin{aligned}|f(x_1)|&=\left|\int_a^b h(t)x_1(t)\mathrm{d}t\right|\\&=\left|\int_a^{(a+b)/2-\varepsilon}(-h(t))\mathrm{d}t+\int_{(a+b)/2+\varepsilon}^b h(t)\mathrm{d}t+\int_{(a+b)/2-\varepsilon}^{(a+b)/2+\varepsilon}h(t)x_1(t)\mathrm{d}t\right|\\&\geqslant\int_a^b|h(t)|\mathrm{d}t-\int_{(a+b)/2-\varepsilon}^{(a+b)/2+\varepsilon}(1-|x_1(t)|)|h(t)|\mathrm{d}t\\&\geqslant\int_a^b|h(t)|\mathrm{d}t-\varepsilon^2,\end{aligned}$$

所以 $\|f\|\geqslant\int_a^b|h(t)|\mathrm{d}t-\varepsilon^2$.由 ε 的任意性,有

$$\|f\|\geqslant\int_a^b|h(t)|\mathrm{d}t=\frac{(b-a)^2}{4}.$$

于是 $\|f\|=\int_a^b|h(t)|\mathrm{d}t=\frac{(b-a)^2}{4}$.

例 2.6.2　$\mathbf{R}^n$ 的对偶空间.

取 $\mathbf{R}^n$ 的一个基 $\{e_1,e_2,\cdots,e_n\}$,$e_k=(0,0,\cdots,0,\overset{(k)}{1},0,\cdots,0)$,$1\leqslant k\leqslant n$.对任意 $f\in(\mathbf{R}^n)^*$,记 $\alpha_k=f(e_k)$,$k=1,2,\cdots,n$.于是,对任意 $x\in\mathbf{R}^n$,记 $x=\sum_{i=1}^n\xi_ie_i$,则

$$f(x)=\sum_{i=1}^n\xi_if(e_i)=\sum_{i=1}^n\alpha_i\xi_i.$$

由 Hölder 不等式,有

$$|f(x)| \leqslant \left(\sum_{i=1}^{n} |\alpha_i|^2\right)^{1/2}\left(\sum_{i=1}^{n} |\xi_i|^2\right)^{1/2} = M\|x\|,$$

其中$M=\left(\sum_{i=1}^{n}|\alpha_i|^2\right)^{1/2}$,从而 $\|f\|\leqslant M$. 再取$x_f=\sum_{i=1}^{n}\bar{\alpha}_i e_i$,有

$$f(x_f)=\sum_{i=1}^{n}|\alpha_i|^2=\|x_f\|^2,$$

所以 $\|f\|\geqslant M$. 这样 $\|f\|=M=\left(\sum_{i=1}^{n}|\alpha_i|^2\right)^{1/2}$.

反过来,对任意$(\alpha_1,\alpha_2,\cdots,\alpha_n)\in \mathbf{R}^n$及$x=\sum_{i=1}^{n}\xi_i e_i\in\mathbf{R}^n$,定义

$$f(x)=\sum_{i=1}^{n}\alpha_i\xi_i,$$

由$|f(x)|\leqslant\left(\sum_{i=1}^{n}|\alpha_i|\right)^{1/2}\left(\sum_{i=1}^{n}|\xi_i|\right)^{1/2}$可知$f$为$\mathbf{R}^n$的一个连续线性泛函,同上可证 $\|f\|=\left(\sum_{i=1}^{n}|\alpha_i|^2\right)^{1/2}$.

这样,我们就建立了$(\mathbf{R}^n)^*$和$\mathbf{R}^n$间的一个等距映射,该映射是$(\mathbf{R}^n)^*$和$\mathbf{R}^n$间的等距同构,于是$(\mathbf{R}^n)^*=\mathbf{R}^n$.

例 2.6.3 l^1的对偶空间为l^∞,即$(l^1)^*=l^\infty$.

对任意$f\in(l^1)^*$,令$e_k=(0,\cdots,0,\overset{(k)}{1},0,\cdots)$,$\alpha_k=f(e_k)$, $k=1,2,\cdots$. 由

$$|\alpha_k|=|f(e_k)|\leqslant\|f\|\,\|e_k\|=\|f\|,$$

可知$x_f=(\alpha_1,\alpha_2,\cdots)\in l^\infty$,且

$$\|x_f\|\leqslant\|f\|,$$

$$f(x)=f\left(\sum_{k=1}^{\infty}\xi_k e_k\right)=\sum_{k=1}^{\infty}\alpha_k\xi_k,\quad x=(\xi_1,\xi_2,\cdots)\in l^1.$$

又对任意一个$x_0=(\alpha_1,\alpha_2,\cdots)\in l^\infty$和$x=(\xi_1,\xi_2,\cdots)\in l^1$,定义泛函

$$f_0(x)=\sum_{n=1}^{\infty}\alpha_n\xi_n.$$

由

$$\left|\sum_{n=1}^{N}\alpha_n\xi_n\right|\leqslant\sum_{n=1}^{N}|\alpha_n||\xi_n|\leqslant\sup_{1\leqslant k\leqslant N}|\alpha_k|\sum_{n=1}^{N}|\xi_n|$$

$$\leqslant\sup_{n\geqslant1}|\alpha_n|\sum_{n=1}^{\infty}|\xi_n|=\sup_{n\geqslant1}|\alpha_n|\,\|x\|,$$

可知$\sum_{i=1}^{\infty}\alpha_i\xi_i$收敛,且

$$|f_0(x)|=\left|\sum_{n=1}^{\infty}\alpha_n\xi_n\right|\leqslant\|x_0\|\,\|x\|,$$

所以 $\|f_0\| \leqslant \|x_0\|$.

于是,对任意 $f \in (l^1)^*$,存在唯一的 $x_f = (\alpha_1, \alpha_2, \cdots) \in l^\infty$ 使得

$$f(x) = \sum_{n=1}^{\infty} \xi_n f(e_n) = \sum_{n=1}^{\infty} \alpha_n \xi_n, \quad x = \sum_{n=1}^{\infty} \xi_n e_n \in l^1,$$

且 $\|f\| = \|x_f\|$.这样,就建立了 l^1 与 l^∞ 的等距同构映射,所以$(l^1)^* = l^\infty$.

例 2.6.4 对 $1 < p < \infty$,$(l^p)^* = l^q$,这里 q 为 p 的共轭指标.

对任意 $f \in (l^p)^*$,存在唯一的 $y = (\alpha_1, \alpha_2, \cdots) \in l^q$ 使得

$$f(x) = \sum_{n=1}^{\infty} \alpha_n \xi_n, \quad x = (\alpha_1, \alpha_2, \cdots) \in l^p,$$

且 $\|f\| = \|y\|_q$.

证明过程与上例类似,略去.

例 2.6.5 对 $1 < p < \infty$,$(L^p(\Omega))^* = L^q(\Omega)$,这里 Ω 为一任意区间或多维空间区域,$q > 1$,且 $\dfrac{1}{p} + \dfrac{1}{q} = 1$.

同上例,对任意 $f \in (L^p(\Omega))^*$,存在唯一的 $h(t) \in L^q(\Omega)$ 使得

$$f(x) = \int_\Omega h(t)x(t)\mathrm{d}t, \quad x(t) \in L^p(\Omega),$$

且 $\|f\| = \|h\|_q$.

例 2.6.5 的证明篇幅较长,这里略去(见[5]).上面各例以同构的方式给出了几个赋范线性空间的对偶空间,同构映射给出的有界线性泛函表示在处理线性泛函相关的问题中非常有用.

2.6.2 Hahn-Banach 延拓定理

Hahn-Banach 延拓定理证明了非平凡赋范线性空间 X 上有界线性泛函的存在性,是泛函分析中重要的基础定理之一.

定理 2.6.1(Hahn-Banach 延拓定理) 设 X 是一赋范线性空间,X_0 是 X 的线性子空间,对于定义在 X_0 上的有界泛函 f,存在 X 上 F 使

(1) $F(x) = f(x), x \in X_0$;

(2) $\|F\| = \|f\|$.

该定理证明篇幅较长,这里略去(见[2],[5]).

推论 2.6.2 设 X 为一个赋范线性空间,对任意 $x_0 \in X$ 且 $x_0 \neq \theta$,存在有界线性泛函 $f \in X^*$ 使 $\|f\| = 1$,且 $f(x_0) = \|x_0\|$.

证明 记 $M = \mathrm{span}\{x_0\}$,对任意 $x = tx_0 \in M(t \in \mathbf{R}$ 或 $\mathbf{C})$,定义

$$f_1(x) = t\|x_0\|.$$

显然

$$f_1(x_0) = \|x_0\|, \quad |f_1(tx_0)| = |t| \|x_0\| = \|tx_0\|,$$

于是

$$\|f_1\| = \sup_{\theta \neq x \in M} \frac{|f_1(x)|}{\|x\|} = 1.$$

由 Hahn-Banach 延拓定理,存在 $f \in X^*$ 使

$$\|f\| = \|f_1\| = 1 \quad 且 \quad f(x_0) = f_1(x_0) = \|x_0\|. \qquad \square$$

对赋范线性空间 X 及任意 $x \in X$,由推论 2.6.2 可知

$$\|x\| = \sup_{0 \neq f \in X^*} \frac{|f(x)|}{\|f\|}.$$

这与

$$\|f\| = \sup_{\theta \neq x \in X} \frac{|f(x)|}{\|x\|}$$

形成对偶,也蕴含着对非平凡赋范线性空间 X,X^* 也是非平凡的. 利用延拓定理,还可以给出下面的对偶空间命题.

命题 2.6.3 $(C[a,b])^* = BV_0[a,b]$,这里

$$BV_0[a,b] = \{x(t) \in BV[a,b] \mid x(a) = 0\}.$$

证明 将 $C[a,b]$ 看成实的赋范空间(复空间情况可类似进行考虑). 对任意的 $h(t) \in BV_0[a,b]$,类似于定积分,对任何 $x(t) \in C[a,b]$,可证明

$$\lim_{\Delta \to 0} \sum_{k=1}^{n} x(\xi_k)[h(t_k) - h(t_{k-1})]$$

存在且不依赖 $\{t_k\}$ 及 $\{\xi_k\}$ 的选择,其中 $a = t_0 < t_1 < \cdots < t_n = b$,$t_{k-1} < \xi_k \leqslant t_k$,$\Delta = \max\limits_{1 \leqslant k \leqslant n} |t_k - t_{k-1}|$. 记上述值为 $\int_a^b x(t)\mathrm{d}h(t)$,称作 $x(t)$ 关于有界变差函数 $h(t)$ 的 Stieltjes 积分(参见[1]).

设 $f \in (C[a,b])^*$,将 $C[a,b]$ 视为 $L^\infty[a,b]$ 的子空间. 由 Hahn-Banach 延拓定理,可将 f 保范延拓成 $L^\infty[a,b]$ 上一个有界线性泛函. 对任意 $t \in [a,b]$,记

$$u_t(s) = \begin{cases} 1, & a \leqslant s \leqslant t, \\ 0, & t < s \leqslant b, \end{cases}$$

则 $u_t \in L^\infty[a,b]$. 定义 $h(t) = f(u_t)$,显然 $h(a) = 0$. 对任意 $a = t_0 < t_1 < \cdots < t_n = b$,有

$$h(t_k) - h(t_{k-1}) = f(u_{t_k}) - f(u_{t_{k-1}}) = f(u_{t_k} - u_{t_{k-1}}),$$

于是,对 $1 \leqslant k \leqslant n$,有

$$|h(t_k) - h(t_{k-1})| = \varepsilon_k f(u_{t_k} - u_{t_{k-1}}) = f(\varepsilon_k(u_{t_k} - u_{t_{k-1}})),$$

其中 $\varepsilon_k = 1$ 或 -1,且

$$\sum_{k=1}^{n} |h(t_k) - h(t_{k-1})| = f\Big(\sum_{k=1}^{n} \varepsilon_k(u_{t_k} - u_{t_{k-1}})\Big) = \|f\| \ \Big\|\sum_{k=1}^{n} \varepsilon_k(u_{t_k} - u_{t_{k-1}})\Big\|.$$

由于$\left\| \sum_{k=1}^{n} \varepsilon_k (u_{t_k} - u_{t_{k-1}}) \right\|_\infty = 1$，所以 $h \in BV_0[a,b]$，$\bigvee_a^b(h) \leqslant \|f\|$.

又对任意 $x(t) \in C[a,b]$，

$$\max_{t \in [a,b]} \left| x(t) - \sum_{k=1}^{n} x(t_k)(u_{t_k} - u_{t_{k-1}}) \right| = \max_{t_{k-1} \leqslant t \leqslant t_k} |x(t) - x(t_k)|.$$

由 $x(t)$ 的连续性，当 $\Delta \to 0$ 时，$\left\| x(t) - \sum_{k=1}^{n} x(t_k)(u_{t_k} - u_{t_{k-1}}) \right\|_\infty \to 0$. 因此，

$$\begin{aligned} f(x) &= f\left(\sum_{k=1}^{n} x(t_k)(u_{t_k} - u_{t_{k-1}}) \right) = \lim_{\Delta \to 0} \sum_{k=1}^{n} x(t_k) f(u_{t_k} - u_{t_{k-1}}) \\ &= \int_a^b x(t) \mathrm{d}h(t). \end{aligned}$$

而由

$$\begin{aligned} |f(x)| &= \left| \int_a^b x(t) \mathrm{d}h(t) \right| \leqslant \int_a^b |x(t)| |\mathrm{d}h(t)| \\ &\leqslant \max_{a \leqslant t \leqslant b} |x(t)| \int_a^b |\mathrm{d}h(t)| = \|x\| \bigvee_a^b(h), \end{aligned}$$

可知 $\|f\| \leqslant \bigvee_a^b(h)$，所以 $\|f\| = \bigvee_a^b(h)$.

反之，对 $h(t) \in BV_0[a,b]$，定义线性泛函

$$f(x) = \int_a^b x(t) \mathrm{d}h(t), \quad x(t) \in C[a,b],$$

类似上面的证明过程可知 f 是有界的且 $\|f\| = V(h)$. 证毕. □

利用定理 2.6.1，可以给出单位脉冲函数的一个泛函描述.

取 $h(t) = \begin{cases} 1, & t \geqslant 0, \\ 0, & t < 0. \end{cases}$ 显然，对任意 $a > 0$，$h(t)$ 是区间 $[-a,a]$ 上的一个有界变差函数，且 $\bigvee_{-a}^{a}(f) = 1$. 令 f_h 是 $h(t)$ 对应的有界线性泛函，即

$$f_h(x) = \int_{-a}^{a} x(t) \mathrm{d}h(t), \quad 对\ x(t) \in C[-a,a].$$

设 $x(t) \in C[-a,a]$ 具有一阶连续导数，利用分部积分法，

$$\begin{aligned} \int_{-a}^{a} x(t) \mathrm{d}h(t) &= x(t)h(t) \Big|_{-a}^{a} - \int_{-a}^{a} h(t) \mathrm{d}x(t) \\ &= x(a) - \int_{-a}^{0} h(t) x'(t) \mathrm{d}t - \int_{0}^{a} h(t) x'(t) \mathrm{d}t \\ &= x(a) - [h(a)x(a) - h(0)x(0)] = x(0). \end{aligned}$$

将 $h(t)$ 的形式导数记为 $\delta(t)$，则上式可写成

$$\int_{-a}^{a} x(t) \mathrm{d}h(t) = \int_{-a}^{a} x(t) \delta(t) \mathrm{d}t = x(0).$$

类似可以推得，对任意 $t_0 \in (-a,a)$，

$$\int_{-a}^{a} x(t)\delta(t-t_0)\mathrm{d}t = x(t_0).$$

由多项式在 $C[-a,a]$ 中的稠密性可知，上式对任意的连续函数都成立. 因此 $\delta(t)$ 对应连续函数空间 $C[-a,a]$ 上一个有界线性泛函，也可以看成类似于 $h(t)$ 的形式导数.

在工程领域，称 $\delta(t)$ 为 Dirac 函数，满足

$$\int_{a}^{b} \delta(t)\mathrm{d}t = 1, \quad 且\ \delta(t) = 0, 对\ t \neq t_0.$$

这种函数以泛函的形式作用于连续函数才具有现实的意义，称作广义函数类. 作为连续函数空间的有界线性泛函，有界变差函数都可引入形式导数，形成一般的广义函数.

利用有界线性泛函，可把平面的概念推广到 Banach 空间，形成超平面的概念. 对于实 Banach 空间 X 及 $f \in X^*$，$f \neq 0$，令

$$M_f^{\alpha} = \{x \in X \mid f(x) = \alpha\},$$

则 M_f^0 为 X 的一个闭子空间. 当 $x_0 \in X$ 使 $f(x_0) \neq 0$，则有

$$X = M_f^0 + \{\lambda x_0 \mid \lambda \in \mathbf{R}\}.$$

若 $f(x_0) = \alpha$，则

$$M_f^{\alpha} = x_0 + M_f^0.$$

当 X 是三维欧氏空间时，M_f^{α} 就是通常的平面(见图 2.8). 一般把 M_f^{α} 称为 X 一个超平面.

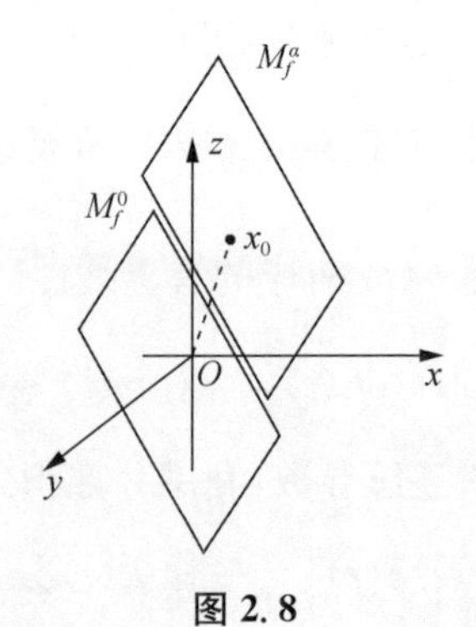

图 2.8

定理 2.6.4(凸集分离定理) 设 G_0，G_1 为实的赋范空间 X 的两个非空凸集，且 $\mathring{G}_0 \cap G_1 = \varnothing$，那么存在一个超平面 M_f^{α} 分离 G_0 与 G_1，即存在 $f \in X^*$ 及 $\alpha \in \mathbf{R}$ 使得

$$\sup_{x \in G_0} f(x) \leqslant \alpha \leqslant \inf_{x \in G_1} f(x).$$

凸集分离定理在优化理论中有着重要的应用.

2.7 不动点定理

许多非线性方程的求解可化为求映射的不动点问题，因此映射不动点成为研究方程求解的一种重要方法.

定义 2.7.1 设 $T:X\to X$ 是 Banach 空间 X 上的一个映射，若存在 $x^*\in X$ 使得 $Tx^*=x^*$，则称 x^* 为 T 的一个**不动点**.

方程 $\varphi(x)=0$ 存在解 x^* 当且仅当 x^* 是映射 $T:x\to x-\lambda\varphi(x)(\lambda\neq 0)$ 的不动点.

设 $T:X\to X$ 是 Banach 空间 X 上的一个映射，若存在一个常数 $\alpha\in(0,1)$，使得对于任意 $x,y\in X$，

$$\| Tx-Ty\| \leqslant \alpha \| x-y\| ,$$

则称 T 为 X 上一个**压缩映射**. 从几何角度看，压缩映射将空间任何两点变换成距离更近的两点，因此也是连续的.

定理 2.7.1（Banach 不动点定理） 设 X 为一个 Banach 空间，$T:X\to X$ 是一个压缩映射，那么 T 必存在唯一的不动点.

证明 设对任意 $x,y\in X$，

$$\| Tx-Ty\| \leqslant \alpha \| x-y\| ,\quad 0<\alpha<1.$$

任取一点 $x_0\in X$，令 $x_n=T^n x_0,n=1,2,\cdots$，则 $\{x_n\}_{n=1}^{\infty}$ 为一个 Cauchy 序列.

事实上，对于任意 $n\geqslant 1$，

$$\| x_{n+1}-x_n\| = \| Tx_n-Tx_{n-1}\| \leqslant \alpha \| x_n-x_{n-1}\| ,$$

从而归纳地可知

$$\| x_{n+1}-x_n\| \leqslant \alpha^n \| x_1-x_0\| .$$

对任意的 $m>n\geqslant 0$，

$$\begin{aligned}\| x_m-x_n\| &\leqslant \| x_m-x_{m-1}\| + \| x_{m-1}-x_{m-2}\| +\cdots+ \| x_{n+1}-x_n\| \\ &\leqslant (\alpha^{m-1}+\alpha^{m-2}+\cdots+\alpha^n)\| x_1-x_0\| \\ &=\alpha^n\frac{1-\alpha^{m-n}}{1-\alpha}\| x_1-x_0\| <\frac{\alpha^n}{1-\alpha}\| x_1-x_0\| .\end{aligned}$$

由 $0<\alpha<1$，$\lim\limits_{n\to\infty}\alpha^n=0$，从而 $\lim\limits_{m,n\to\infty}\| x_m-x_n\| =0$，即 $\{x_n\}_{n=1}^{\infty}$ 为一个 Cauchy 序列.

令 $\lim\limits_{n\to\infty}x_n=x^*\in X$，由 T 的连续性，$\lim\limits_{n\to\infty}Tx_n=Tx^*$. 又

$$Tx_n=x_{n+1}\to x^*\quad(n\to\infty),$$

所以 $Tx^*=x^*$，即 x^* 为 T 的一个不动点.

唯一性：若 x^*,x^{**} 为 T 的两个不动点，则

$$\| Tx^*-Tx^{**}\| = \| x^*-x^{**}\| \leqslant \alpha \| x^*-x^{**}\| ,$$

而 $0<\alpha<1$，所以 $x^*=x^{**}$. □

由 $x_n\to x^*$ 可知，当 n 充分大时 x^* 可近似成 x_n，误差为

$$r(n)=\|x_n-x^*\|\leqslant\frac{\alpha^n}{1-\alpha}\|x_1-x_0\|.$$

Banach 不动点定理的证明也给出了近似求不动点的一种迭代方法.

推论 2.7.2 (1) 若 T 是 Banach 空间 X 的一个非空闭子集 S 到 S 的一个压缩映射，则 T 在 S 中有唯一的不动点；

(2) 若 $T:X\to X$ 为一个映射，且存在自然数 N 使得 T^N 为一个压缩映射，则 T 在 X 中存在唯一的不动点.

证明 由定理 2.7.1，(1) 是明显的.

对于(2)，设 x^* 为 T^N 的不动点，则

$$Tx^*=T(T^Nx^*)=T^{N+1}x^*=T^N(Tx^*),$$

所以 Tx^* 也是 T^N 的一个不动点. 由压缩映射不动点的唯一性，$x^*=Tx^*$. □

例 2.7.1 线性方程组的 Jacobi 解法.

已知 $Ax=b$，这里 $A=(a_{ij})$ 为一个 n 阶实矩阵，$b=(b_1,b_2,\cdots,b_n)^{\mathrm{T}}\in\mathbf{R}^n$. 记 $x=(x_1,x_2,\cdots x_n)^{\mathrm{T}}$，若对每个 k，$\sum\limits_{l=1,l\neq k}^{n}|a_{kl}|<|a_{kk}|$，则 $Ax=b$ 必有唯一的解 $\tilde{x}$.

记

$$D=\begin{bmatrix}a_{11} & & 0\\ & \ddots & \\ 0 & & a_{nn}\end{bmatrix}=\mathrm{diag}(a_{11},a_{22},\cdots,a_{nn}),$$

定义映射 $Tx=x-D^{-1}Ax+D^{-1}b,x\in\mathbf{R}^n$，并在 $\mathbf{R}^n$ 上赋予范数 $\|\ \ \|_\infty$，则 T 为一个压缩映射.

事实上，对任意 $x=(x_1,x_2,\cdots,x_n)^{\mathrm{T}},y=(y_1,y_2,\cdots,y_n)^{\mathrm{T}}\in\mathbf{R}^n$，

$$\|Tx-Ty\|_\infty=\|T(x-y)\|_\infty=\|(I-D^{-1}A)(x-y)\|_\infty.$$

记

$$I-D^{-1}A=(\tilde{a}_{lm}),\quad 其中\quad \tilde{a}_{lm}=\begin{cases}0, & l=m,\\ -\dfrac{a_{lm}}{a_{ll}}, & l\neq m,\end{cases}$$

于是 $\sum\limits_{m=1}^{n}|\tilde{a}_{lm}|=\sum\limits_{m=1,m\neq l}^{n}\dfrac{|a_{lm}|}{|a_{ll}|}<1,1\leqslant l\leqslant n$. 所以

$$\begin{aligned}\|Tx-Ty\|_\infty&=\max_{1\leqslant l\leqslant n}\left|\sum_{m=1,m\neq l}^{n}\tilde{a}_{ml}(x_m-y_m)\right|\\&\leqslant\max_{1\leqslant l\leqslant n}\sum_{m=1,m\neq l}^{n}|\tilde{a}_{ml}||x_m-y_m|\end{aligned}$$

$$\leqslant \max_{1\leqslant l\leqslant n}\sum_{m=1,m\neq l}^{n}|\tilde{a}_{ml}|\max_{1\leqslant m\leqslant n}|x_m-y_m|$$
$$=\Big(\max_{1\leqslant l\leqslant n}\sum_{m=1,m\neq l}^{n}|\tilde{a}_{ml}|\Big)\|x-y\|_\infty.$$

由已知，$\alpha=\max\limits_{1\leqslant l\leqslant n}\sum\limits_{m=1,m\neq l}^{n}|\tilde{a}_{ml}|<1$，从而

$$\|Tx-Ty\|_\infty\leqslant\alpha\|x-y\|_\infty,$$

即 T 为一个压缩映射. 所以 $Ax=b$ 必有唯一的解，且可以利用压缩不动点的迭代逼近法给出线性方程的近似解.

Jacobi 解法：任取 x_0，$x_{n+1}=Tx_n$，$n=0,1,2,\cdots$，当 n 充分大时，$x^*\approx x_n$ 为 $Ax=b$ 的近似解，误差为

$$r(n)=\|x_n-x^*\|_\infty\leqslant\frac{\alpha^n}{1-\alpha}\|x_1-x_0\|_\infty.$$

上述迭代算法最大的优点是数值稳定，特别是对阶数较大的矩阵 A，迭代算法的优点非常突出. 除了Jacobi解法，还可以考虑 A 是实正定阵时线性方程 $Ax=b$ 的迭代法求解. 取非零常数 β，将方程转化为

$$x=x-\beta(Ax-b),\quad 0\neq\beta\in\mathbf{R},$$

这样可将求线性方程解的问题化为求映射 $Fx=x-\beta(Ax-b)$ 的不动点问题.

设线性方程的解存在，记为 x^*. 设 A 的 n 个特征向量为 $\lambda_1\geqslant\lambda_2\geqslant\cdots\geqslant\lambda_n>0$，记对应的单位特征向量为 $u_1,u_2,\cdots,u_n$. 令

$$D=\operatorname{diag}(\lambda_1,\lambda_2,\cdots,\lambda_n)\quad(\text{以 }\lambda_1,\lambda_2,\cdots,\lambda_n\text{ 为主对角线元素的对角阵}),$$
$$U=(u_1,u_2,\cdots,u_n),$$

则 U 为一个正交阵使 $A=UDU^{\mathrm{T}}$.

对任意的初始向量 x_0，令

$$x_{n+1}=Fx_n=x_n-\beta(Ax_n-b),\quad n\geqslant 0.$$

记 $e_n=x^*-x_n$，则 $\lim\limits_{n\to\infty}x_n=x^*$ 当且仅当 $\lim\limits_{n\to\infty}e_n=0$. 而由

$$e_{n+1}=x^*-x_{n+1}=x^*-x_n+\beta(Ax_n-b)$$
$$=x^*-x_n+\beta(Ax_n-Ax^*)=(I-\beta A)e_n,\quad n\geqslant 0$$

知

$$e_{n+1}=(I-\beta A)^{n+1}e_0=U(I-\beta D)^{n+1}U^{\mathrm{T}}e_0,\quad n\geqslant 0.$$

所以，当 $|1-\beta\lambda_k|<1$，$1\leqslant k\leqslant n$ 时，$\lim\limits_{n\to\infty}x_n=x^*$. 对于正定矩阵 A，因为 $\lambda_k>0$，$1\leqslant k\leqslant n$，取 $0<\beta<\dfrac{2}{\lambda_1}$ 即满足收敛条件.

例 2.7.2 Fredholm 积分方程.

设函数 $f(s)$ 在 $[a,b]$ 上连续，核函数 $k(s,t)$ 在矩形区域 $[a,b]\times[a,b]$ 上连续，

且有 $M>0$ 使得

$$\int_a^b |k(s,t)|\mathrm{d}t<M,\quad \text{对任意 } s\in[a,b],$$

则当 $|\lambda|<\frac{1}{M}$ 时,必有唯一的函数 $\varphi^*(s)\in C[a,b]$ 使

$$\varphi^*(s)=f(s)+\lambda\int_a^b k(s,t)\varphi^*(t)\mathrm{d}t, \tag{2.7.1}$$

式中,$f(s)\in C[a,b]$ 为任一已知函数.

证明 定义

$$T:C[a,b]\to C[a,b],$$

$$T\varphi(s)=f(s)+\lambda\int_a^b k(s,t)\varphi(t)\mathrm{d}t,\quad \varphi(t)\in C[a,b],$$

则对于任意的 $\varphi_1,\varphi_2\in C[a,b]$,有

$$\begin{aligned}\|T\varphi_1-T\varphi_2\|_\infty&\leqslant\max_{a\leqslant s\leqslant b}|\lambda|\int_a^b|k(s,t)||\varphi_1(t)-\varphi_2(t)|\mathrm{d}t\\&\leqslant|\lambda|\int_a^b|k(s,t)|\mathrm{d}t\max_{a\leqslant t\leqslant b}|\varphi_1(t)-\varphi_2(t)|\\&\leqslant|\lambda|M\|\varphi_1-\varphi_2\|_\infty.\end{aligned}$$

令 $\alpha=|\lambda|M$,则 $0<\alpha<1$,$\|T\varphi_1-T\varphi_2\|_\infty\leqslant\alpha\|\varphi_1-\varphi_2\|_\infty$,即 T 为一个压缩映射. 所以存在唯一的函数 $\varphi^*\in C[a,b]$ 使得

$$(T\varphi^*)(s)=f(s)+\lambda\int_a^b k(s,t)\varphi^*(t)\mathrm{d}t.$$

例 2.7.3 设 $k(s,t)$ 是定义在三角区域:$a\leqslant s\leqslant b,a\leqslant t\leqslant s$ 上的一连续函数,则 Volterra 积分方程

$$x(s)=f(s)+\lambda\int_a^s k(s,t)x(t)\mathrm{d}t \tag{2.7.2}$$

对任何函数 $f(s)\in C[a,b]$ 及 $\lambda\in\mathbf{R}$ 有唯一的解 $x^*(s)\in C[a,b]$.

证明 定义

$$T:C[a,b]\to C[a,b],$$

$$Tx(s)=f(s)+\lambda\int_a^s k(s,t)x(t)\mathrm{d}t,\quad x\in C[a,b],$$

则对任意的 $x(t),y(t)\in C[a,b]$,有

$$\begin{aligned}|Tx(s)-Ty(s)|&=|\lambda|\left|\int_a^s k(s,t)(x(t)-y(t))\mathrm{d}t\right|\\&\leqslant|\lambda|M\|x-y\|_\infty(s-a),\quad s\in[a,b],\end{aligned}$$

这里 M 为满足 $|k(s,t)|\leqslant M,a\leqslant s\leqslant b,a\leqslant t\leqslant s$ 的常数. 类似可证,对任意正整数 $m>1$,有

$$
\begin{aligned}
& | T^m x(s) - T^m y(s) | \\
= & | \lambda | \left| \int_a^s k(s,t)[T^{m-1}x(t) - T^{m-1}y(t)] \mathrm{d}t \right| \\
\leqslant & | \lambda | \int_a^s | k(s,t) | \frac{| \lambda |^{m-1} M^{m-1} \| x - y \|_\infty}{(m-1)!} (t-a)^{m-1} \mathrm{d}t \\
\leqslant & | \lambda |^m M^m \| x - y \|_\infty \frac{(s-a)^m}{m!}, \quad 对 a \leqslant s \leqslant b,
\end{aligned}
$$

于是

$$
\begin{aligned}
\| T^m x - T^m y \|_\infty & = \max_{a \leqslant s \leqslant b} | T^m x(s) - T^m y(s) | \\
& \leqslant \alpha_m \| x - y \|_\infty, \quad 其中 \alpha_m = \frac{| \lambda |^m M^m (b-a)^m}{m!}.
\end{aligned}
$$

由 $\lim\limits_{m \to \infty} \alpha_m = 0$ 可知，存在自然数 N 使 $\alpha_N < 1$，从而 T^N 为 $C[a,b]$ 上的一个压缩映射。由推论 2.7.2，T 有唯一的压缩不动点 $x^*(s) \in C[a,b]$，它是方程(2.7.2)的解.

在不动点理论中，除了 Banach 不动点定理，Brouwer 不动点定理和 Schauder 不动点定理也为人们所熟知(参见[8]).

习题 2

1. 设 (X,d) 为一个度量空间，证明：对任意的 $x,y,z \in X$，有

$$d(x,y) \geqslant | d(x,z) - d(z,y) |.$$

2. 设 $X = \{(\xi_1, \xi_2, \cdots, \xi_n) \mid \xi_i \in \mathbf{R}, 1 \leqslant i \leqslant n\}$，对任意的

$$x = (\xi_1, \xi_2, \cdots, \xi_n) \in X \quad 和 \quad y = (\eta_1, \eta_2, \cdots, \eta_n) \in X,$$

令 $d_\infty(x,y) = \max\limits_{1 \leqslant i \leqslant n} | \xi_i - \eta_i |$，证明：$(X, d_\infty)$ 为一个完备的度量空间.

3. 设 $M \subset l^\infty$ 是由有限个非零项序列构成的线性子空间，在 M 中求一不收敛的 Cauchy 列，从而表明 M 不是完备的.

4. 设 X,Y 为两个度量空间，

$$X \times Y = \{(x,y) \mid x \in X, y \in Y\}$$

为 X,Y 的 Descartes 积，请给 $X \times Y$ 定义两种不同的度量.

5. 设 $\| \cdot \|_1$ 和 $\| \cdot \|_2$ 是线性空间 X 和 Y 上的范数，对乘积空间向量 $x = (x_1, x_2) \in X \times Y$，令

$$\| x \| = \max\{ \| x_1 \|, \| x_2 \| \},$$

证明：$\| \cdot \|$ 是 $X \times Y$ 上的范数.

6. 试证明映射

$$q: C[a,b] \to \mathbf{R},$$

$$q(x)=\int_a^b |x(t)|\,\mathrm{d}t,\quad x(t)\in C[a,b]$$

是空间 $C[a,b]$ 上的一个范数.

7. 设$(X,\|\cdot\|_X)$和$(Y,\|\cdot\|_Y)$是数域 $\mathbf{R}$ 上的两个赋范线性空间,试证明映射

$$f: X\times Y\to\mathbf{R},$$

$$f(x,y)=(\|x\|_X^2+\|y\|_Y^2)^{1/2},\quad 对任意(x,y)\in X\times Y$$

是乘积(线性)空间 $X\times Y$ 上的范数.

8. 证明:连续函数空间 $C[0,1]$ 中的子集

$$K=\{f\in C[0,1]\mid f=f(x)\geqslant 0,对任意\ x\in[0,1]\}$$

是 $C[0,1]$ 中的一个闭凸集.

9. 对 $x=(\xi_1,\xi_2,\cdots,\xi_n)\in\mathbf{C}^n$ 及 $p\geqslant 1$, $\|x\|_p=\left(\sum_{k=1}^n|\xi_k|^p\right)^{1/p}$,证明:$\|\cdot\|_1$ 和 $\|\cdot\|_2$ 是 $\mathbf{C}^n$ 的等价范数,即存在常数 $c_1,c_2>0$ 使得对任意 $x\in\mathbf{C}^n$,有

$$c_1\|x\|_1\leqslant\|x\|_2\leqslant c_2\|x\|_1.$$

10. 设 $e_1=(1,0),e_2=(1,1)$ 是 $\mathbf{R}^2$ 上的两个线性无关向量,对任意 $x=c_1e_1+c_2e_2\in\mathbf{R}^2$,定义 $|||x|||=|c_1|+|c_2|$. 证明 $|||\ \ |||$ 是 $\mathbf{R}^2$ 的一个范数,并写出 $\mathbf{R}^2$ 关于这个范数的单位球面表达式.

11. 设 $c_0=\{x=(\xi_1,\xi_2,\cdots,\xi_n,\cdots)\in l^\infty\mid\lim\limits_{n\to\infty}\xi_n=0\}$,证明:$c_0$ 是 l^∞ 的闭子空间.

12. 设 $l_0=\{x=(\xi_1,\xi_2,\cdots)\in l^\infty\mid$ 存在自然数 N,当 $n\geqslant N$ 时 $\xi_n=0\}$,证明:l_0 是 l^∞ 的非闭子空间.

13. 设 $\{x_n\}_{n=1}^\infty$ 是赋范线性空间 X 中的基本列,求证:存在点 $x\in X$,使得

$$\lim_{n\to\infty}\|x_n\|=\|x\|.$$

14. 设 $\{x_n\}$ 是赋范线性空间 X 中的序列且 $x_n\to x\in X(n\to\infty)$,证明:

$$\lim_{n\to\infty}\|x_n\|=\|x\|.$$

15. 设 $\{x_n\}_{n=1}^\infty$ 与 $\{y_n\}_{n=1}^\infty$ 是赋范线性空间 X 中两个等同 Cauchy 列,即满足

$$\lim_{n\to\infty}\|x_n-y_n\|=0.$$

试证:(1) $\{x_n\}_{n=1}^\infty$ 的子列与 $\{y_n\}_{n=1}^\infty$ 的子列也是等同的;

(2) 如果 $x_n\to x\in X(n\to\infty)$,则 $y_n\to x(n\to\infty)$.

16. 设 M 是赋范线性空间 X 中的非空凸集,$x\in X$,试证明:M 中对 x 的最佳逼近集

$$K_x=\{y\in M\mid\ \|x-y\|=\inf_{m\in M}\|x-m\|\}$$

也是 X 中的凸集.

17. 令 $f_1,f_2,\cdots,f_n$ 是 $C^{(n-1)}[a,b]$($n-1$ 阶连续可导函数空间)的 n 个元素,记

$$W[f_1,f_2,\cdots,f_n](t)=\begin{vmatrix} f_1(t) & f_2(t) & \cdots & f_n(t) \\ f_1'(t) & f_2'(t) & \cdots & f_n'(t) \\ \vdots & \vdots & & \vdots \\ f_1^{(n-1)}(t) & f_2^{(n-1)}(t) & \cdots & f_n^{(n-1)}(t) \end{vmatrix}.$$

(1) 证明:若存在 $t_0\in[a,b]$ 使得 $W[f_1,f_2,\cdots,f_n](t_0)\neq 0$,则 $f_1,f_2,\cdots,f_n$ 线性无关,反之不成立;

(2) 证明:$\{t^n \mid 0\leqslant n\leqslant 4\}$ 是 $C[a,b]$ 的线性无关集.

18. 证明:Banach 空间中绝对收敛的级数必收敛.

19. 设 $C_0(\mathbf{R})=\{x(t)\mid x(t)$ 在 $\mathbf{R}$ 上连续且 $\lim\limits_{|t|\to\infty}x(t)=0\}$,定义

$$\|x\|=\sup_{-\infty<t<\infty}|x(t)|,$$

证明:$C_0(\mathbf{R})$ 是一个 Banach 空间.

20. 设 $\{\alpha_k\}\in l^\infty$,定义线性算子 $T:l^2\to l^2$,$Tx=\{\alpha_k\xi_k\}$,$x=\{\xi_k\}\in l^2$,证明:T 是有界的,且 $\|T\|=\sup\limits_n|\alpha_n|$.

21. 证明 $C[-1,1]$ 上定义的泛函

$$f(x)=\int_{-1}^{0}x(t)\mathrm{d}t+\int_{0}^{1}x(t)\mathrm{d}t \quad (x(t)\in C[-1,1])$$

是有界的,并求 $\|f\|$.

22. 试构造 n 维赋范线性空间 X 上一个线性泛函 f,并给出核空间 $\ker(f)$ 的表示.

23. 设 $\{u_1,u_2,u_3\}$ 是 $\mathbf{R}^3$ 的一个基,证明:存在线性泛函 f_1,f_2,f_3 构成 $(\mathbf{R}^3)^*$ 的基,使得

$$f_k(e_m)=\begin{cases}1, & k=m,\\ 0, & k\neq m,\end{cases}$$

其中 $1\leqslant k,m\leqslant 3$. 特别地取

$$u_1=(1,1,0),\quad u_2=(0,1,1)\quad 和\quad u_3=(1,1,1),$$

求出 f_1,f_2,f_3.

24. 若 $[0,1]$ 上函数 $x(t)$ 和 $y(t)$ 都是有界变差的,证明:$x(t)+y(t)$,$x(t)-y(t)$ 和 $x(t)y(t)$ 都是有界变差的.

25. 证明:有界变差函数的间断点至多是可数的.

26. 设 $a_0,a_1,\cdots,a_n\in\mathbf{R}$,取 $[a,b]$ 的一个划分 $a=t_0<t_1<\cdots<t_n=b$. 定义

$$f(x)=\sum_{k=0}^{n}a_kx(t_k),\quad x\in C[a,b],$$

证明:f 是有界线性泛函,且 $\|f\|=\sum\limits_{k=0}^{n}|a_k|$.

27. 对任意一自然数n,P_n表示次数不超过n的多项式,且视为$C[0,1]$的子空间. 定义泛函

$$L_n(p)=\sum_{k=0}^{n}a_{nk}p\left(\frac{k}{n}\right),\quad p\in P_n,$$

求$\{a_{nk}\}$,使L_n可延拓成$C[0,1]$上泛函$f(x)=\int_0^1 x(t)\mathrm{d}t$.

28. 设$S=\{x\in\mathbf{R}\mid x\geqslant 1\}\subset\mathbf{R}$,证明映射

$$Tx=\frac{x}{2}+\frac{1}{x},\quad x\in S$$

是S上一个压缩映射,并求出最小压缩系数α.

29. 设$f(a)f(b)<0$且$0<k_1\leqslant f'(x)\leqslant k_2$,选择合适的$\lambda$构造映射

$$\varphi(x)=x-\lambda f(x),$$

用迭代法求$f(x)=0$的根,并对$f(x)=x+\sqrt{x^2-1}-11\mathrm{e}^{-x^2}$,求$f(x)=0$在区间$[1,3]$内的近似根.

30. 设$S=\{x\in\mathbf{R}\mid x\geqslant 1\}\subset\mathbf{R}$,映射$T:S\to S$,$Tx=x+\dfrac{1}{x}$,$x\in S$. 求证:对任意的$x,y\in S$,$|Tx-Ty|<|x-y|$. 但$T$在$S$上没有不动点,原因何在?

31. 设G是Banach空间X的非空紧集,$T:G\to G$是一个映射使得

$$\|Tx-Ty\|<\|x-y\|,\quad x,y\in G\text{ 且 }x\neq y.$$

证明:T是G上一个压缩映射.

32. 设$C^2[a,b]$表示区间$[a,b]$上连续可导的函数构成的线性空间,对$x(t)\in C^2[a,b]$定义

$$\|x\|=\max_{t\in[a,b]}|x(t)|+\max_{t\in[a,b]}|x'(t)|.$$

证明:$\|\cdot\|$是$C^2[a,b]$的范数.

3　Hilbert 空间与共轭算子

3.1　内积空间

欧氏空间的数量积在研究几何相关的问题中扮演着重要的作用.将向量的数量积作为向量间特殊的二元运算,推广到一些函数线性空间,形成一类性质良好的空间 —— 内积空间,获得了广泛的应用.

3.1.1　内积空间的定义

定义 3.1.1　设 X 为数域 F(实数或复数域)上的一个线性空间,如果存在映射$(\cdot,\cdot):X\times X\to F$,满足

(1) 对任意的 $x\in X$,$(x,x)\geqslant 0$,且 $(x,x)=0\Leftrightarrow x=\theta$;

(2) 对任意的 $x,y\in X$,$(x,y)=\overline{(y,x)}$;

(3) 对于任意的 $x,y,z\in X$ 及 $\lambda,\mu\in F$,

$$(\lambda x+\mu y,z)=\lambda(x,z)+\mu(y,z),$$

则称映射$(\cdot,\cdot)$为 X 的内积,X 为一个内积空间.当 $F=\mathbf{R}(\mathbf{C})$ 时称 X 是实(复)的内积空间.

内积是数量积公理化定义的一种运算,概括了数量积的基本特性.由内积定义可知

(1) 对于任意的 $x\in X$,$(x,\theta)=(\theta,x)=0$;

(2) 对于任意的 $x,y,z\in X$,若$(x,y)=(x,z)$,则必有 $y=z$;

(3) 对于任意的 $x,y,z\in X$ 及 $\lambda,\mu\in F$,$(z,\lambda x+\mu y)=\bar{\lambda}(z,x)+\bar{\mu}(z,y)$.

例 3.1.1　内积空间 $\mathbf{R}^n(\mathbf{C}^n)$.

对于任意的 $x=(x_1,x_2,\cdots,x_n)$ 与 $y=(y_1,y_2,\cdots,y_n)\in\mathbf{R}^n(\mathbf{C}^n)$,定义内积为

$$(x,y)=\sum_{k=1}^{n}x_k\bar{y}_k=x_1\bar{y}_1+x_2\bar{y}_2+\cdots+x_n\bar{y}_n,\tag{3.1.1}$$

则可验证 $\mathbf{R}^n(\mathbf{C}^n)$ 是内积空间.

式(3.1.1) 满足内积定义的(1) 和(2) 是明显的.对 $x,y,z\in\mathbf{C}^n$ 及 $\lambda,\mu\in\mathbf{C}$,

$$\begin{aligned}(\lambda x+\mu y,z)&=\sum_{k=1}^{n}(\lambda x_k+\mu y_k)\bar{z}_k=\lambda\sum_{k=1}^{n}x_k\bar{z}_k+\mu\sum_{k=1}^{n}y_k\bar{z}_k\\&=\lambda(x,z)+\mu(y,z),\end{aligned}$$

因此式(3.1.1)定义了 $\mathbf{C}^n$ 的一个内积空间.

式(3.1.1)是 $\mathbf{R}^n$ 的内积的验证是类似的.

例 3.1.2 内积空间 l^2.

令 $x=(x_1,x_2,\cdots),y=(y_1,y_2,\cdots)\in l^2$,定义内积

$$(x,y)=\sum_{n=1}^{\infty}x_n\bar{y}_n, \tag{3.1.2}$$

则 l^2 是一个内积空间.

由 Hölder 不等式

$$\left|\sum_{n=1}^{\infty}x_n\bar{y}_n\right|\leqslant\left(\sum_{n=1}^{\infty}|x_n|^2\right)^{1/2}\left(\sum_{n=1}^{\infty}|y_n|^2\right)^{1/2} < \infty,$$

可知内积的定义是合理的.验证式(3.1.2)为 l^2 的内积空间与上例类似.

例 3.1.3 内积空间 $L^2(\mathbf{R})$.

对 $x(t),y(t)\in L^2(\mathbf{R})$,定义内积

$$(x,y)=\int_{-\infty}^{\infty}x(t)\,\overline{y(t)}\mathrm{d}t, \tag{3.1.3}$$

则 $L^2(\mathbf{R})$ 是内积空间.

对任意 $x(t),y(t)\in L^2(\mathbf{R})$,由 Hölder 不等式

$$\int_{-\infty}^{\infty}|x(t)\,\overline{y(t)}|\,\mathrm{d}t\,|\leqslant\|x\|_2\|y\|_2<\infty,$$

可知内积的定义是合理的.易验证 $L^2(\mathbf{R})$ 关于式(3.1.3)是内积空间.

引理 3.1.1(Cauchy-Schwarz) 设 X 为一个内积空间,$x,y\in X$,则

$$|(x,y)|\leqslant\sqrt{(x,x)(y,y)}, \tag{3.1.4}$$

并且式(3.1.4)等号成立的充要条件是 x 与 y 线性相关.

证明 当 x 或 y 为零向量时,不等式(3.1.4)成立,且等号结论也是显然的,因此只需考虑非零向量的情况.

对于任意 $\lambda\in F,x,y\in X$ 使 $x\neq\theta,y\neq\theta$,则

$$\begin{aligned}0&\leqslant(x-\lambda y,x-\lambda y)\\&=(x,x)-\lambda(y,x)-\bar{\lambda}(x,y)+|\lambda|^2(y,y)\\&=(x,x)-2\mathrm{Re}[\lambda(y,x)]+|\lambda|^2(y,y).\end{aligned}$$

特别地,取 $\lambda=\dfrac{(x,y)}{(y,y)}$,代入上式可得

$$0\leqslant(x-\lambda y,x-\lambda y)=(x,x)-\frac{|(x,y)|^2}{(y,y)},$$

所以不等式(3.1.4)成立.

当 x 与 y 线性相关,即存在 $\lambda\in F$ 使 $x=\lambda y$ 时,不等式(3.1.4)的等号显然成立.反过来,设非零向量 $x,y\in X$ 使 $|(x,y)|=\sqrt{(x,x)(y,y)}$ 成立.令 $\lambda=\dfrac{(x,y)}{(y,y)}$,则

$$(x-\lambda y,x-\lambda y)=(x,x)-\frac{|(x,y)|^2}{(y,y)}=0,$$

即有 $x-\lambda y=\theta$,所以 x 与 y 线性相关. □

Cauchy-Schwarz 不等式是内积空间中十分常用的一个结论,等式成立的条件常被应用于极值问题,如信号的测不准原理和匹配滤波等问题都巧妙地运用了该不等式.

对于内积空间 X 及 $x\in X$,令 $\|x\|=\sqrt{(x,x)}$. 利用 Cauchy-Schwarz 不等式可以验证 $\|\cdot\|$ 为 X 上的一个范数,因此内积空间自然可以看成是赋范线性空间.当内积空间 X 按范数是完备的时候,称 X 为一个 Hilbert 空间(即完备内积空间).常见的 $\mathbf{R}^n,\mathbf{C}^n,l^2,L^2(\mathbf{R})$ 等都是 Hilbert 空间.

3.1.2 内积空间的性质

命题 3.1.2 设 H 为一个内积空间,对于任意的 $x,y\in H$,则

(1) (Cauchy-Schwarz 不等式) $|(x,y)|\leqslant\|x\|\,\|y\|$;

(2) (平行四边形法则) $\|x+y\|^2+\|x-y\|^2=2(\|x\|^2+\|y\|^2)$;

(3) (极化恒等式) 当 H 是复内积空间时,有

$$(x,y)=\frac{1}{4}(\|x+y\|^2-\|x-y\|^2+\mathrm{i}\|x+\mathrm{i}y\|^2-\mathrm{i}\|x-\mathrm{i}y\|^2);$$

(4) 内积是连续的.

证明 (1) 由引理 3.1.1 可得.

(2) 和(3) 运用内积与范数的关系易证,其中(2) 的示意图见图 3.1.

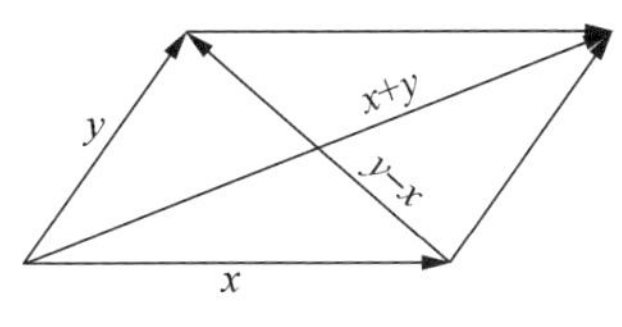

图 3.1

(4) 对任意 $\{x_n\},\{y_n\}\subset H$ 使 $\lim\limits_{n\to\infty}x_n=x,\lim\limits_{n\to\infty}y_n=y$,于是

$$\begin{aligned}|(x_n,y_n)-(x,y)|&=|(x_n,y_n)-(x_n,y)+(x_n,y)-(x,y)|\\&\leqslant|(x_n,y_n)-(x_n,y)|+|(x_n,y)-(x,y)|\\&=|(x_n,y_n-y)|+|(x_n-x,y)|\\&\leqslant\|x_n\|\,\|y_n-y\|+\|x_n-x\|\,\|y\|\\&\to0\quad(n\to\infty),\end{aligned}$$

所以$\lim\limits_{n\to\infty}(x_n, y_n) = (x, y)$，即内积是连续的. □

例 3.1.4 匹配滤波器.

设一个系统接收或观测信号可表示为

$$y(t) = s(t) + n(t), \quad -\infty < t < \infty,$$

其中，$s(t)$ 为已知信号，$n(t)$ 是均值为零的白噪声(见图 3.2). 求一个滤波器 $h(t)$，使 $t = T_0$ 时输出 $\hat{s}(t)$ 的信噪比最大.

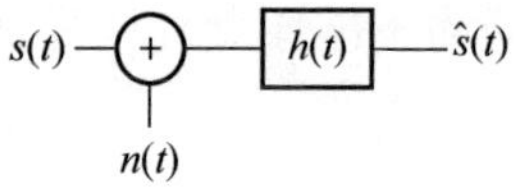

图 3.2

解 输出信号可表示为

$$\begin{aligned}\hat{s}(t) &= \int_{-\infty}^{\infty} h(t-\tau)y(\tau)\mathrm{d}\tau \\ &= \int_{-\infty}^{\infty} h(t-\tau)[s(\tau)+n(\tau)]\mathrm{d}\tau \\ &= \int_{-\infty}^{\infty} h(t-\tau)s(\tau)\mathrm{d}\tau + \int_{-\infty}^{\infty} h(t-\tau)n(\tau)\mathrm{d}\tau \\ &= s_0(t) + n_0(t),\end{aligned}$$

其中

$$s_0(t) = \int_{-\infty}^{\infty} h(t-\tau)s(\tau)\mathrm{d}\tau, \quad n_0(t) = \int_{-\infty}^{\infty} h(t-\tau)n(\tau)\mathrm{d}\tau.$$

现求在 $t = T_0$ 时输出信噪比最大的滤波器. 信号 $s(t)$ 的能量表示为

$$E_s = \int_{-\infty}^{\infty} |s(t)|^2 \mathrm{d}t = \frac{1}{2\pi}\int_{-\infty}^{\infty} |S(\omega)|^2 \mathrm{d}\omega,$$

利用 Parseval 等式

$$\int_{-\infty}^{\infty} x(t)\overline{y(t)}\mathrm{d}t = \frac{1}{2\pi}\int_{-\infty}^{\infty} X(\omega)\overline{Y(\omega)}\mathrm{d}\omega,$$

可得

$$s_0(t) = \frac{1}{2\pi}\int_{-\infty}^{\infty} H(\omega)S(\omega)\mathrm{e}^{-\mathrm{i}\omega t}\mathrm{d}\omega,$$

于是，输出信号在 $t = T_0$ 时的瞬时功率为

$$|s_0(T_0)|^2 = \left|\frac{1}{2\pi}\int_{-\infty}^{\infty} H(\omega)S(\omega)\mathrm{e}^{-\mathrm{i}\omega T_0}\mathrm{d}\omega\right|^2,$$

输出噪声的平均功率为

$$E[n_0^2(t)] = E\left\{\left[\int_{-\infty}^{\infty} h(t-\tau)n(\tau)\mathrm{d}\tau\right]^2\right\} = \frac{1}{2\pi}\int_{-\infty}^{\infty} |H(\omega)|^2 P_n(\omega)\mathrm{d}\omega,$$

其中 $P_n(\omega)$(噪声 n 的自相关函数的 Fourier 变换) 是输入噪声的功率谱密度. 所以

输出噪声的功率谱密度为

$$P_0(\omega) = |H(\omega)|^2 P_n(\omega).$$

于是,$t = T_0$ 时系统输出的信噪比

$$\begin{aligned}
\rho &= \frac{S}{N} = \frac{s_0^2(T_0)}{E[n_0^2(t)]} \\
&= \frac{\left|\frac{1}{2\pi}\int_{-\infty}^{\infty} H(\omega)S(\omega)e^{i\omega T_0}\,d\omega\right|^2}{\frac{1}{2\pi}\int_{-\infty}^{\infty} |H(\omega)|^2 P_n(\omega)\,d\omega} \\
&= \frac{\left|\frac{1}{2\pi}\int_{-\infty}^{\infty} H(\omega)\sqrt{P_n(\omega)}\; S(\omega)/\sqrt{P_n(\omega)}\,e^{i\omega T_0}\,d\omega\right|^2}{\frac{1}{2\pi}\int_{-\infty}^{\infty} |H(\omega)|^2 P_n(\omega)\,d\omega} \\
&\leqslant \frac{\frac{1}{2\pi}\int_{-\infty}^{\infty} |H(\omega)|^2 P_n(\omega)\,d\omega \,\frac{1}{2\pi}\int_{-\infty}^{\infty} S^2(\omega)/P_n(\omega)\,d\omega}{\frac{1}{2\pi}\int_{-\infty}^{\infty} |H(\omega)|^2 P_n(\omega)\,d\omega} \\
&= \frac{1}{2\pi}\int_{-\infty}^{\infty} \frac{S^2(\omega)}{P_n(\omega)}\,d\omega.
\end{aligned}$$

由 Cauchy-Schwarz 不等式可知,当

$$\overline{H(\omega)}\,\sqrt{P_n(\omega)} = \frac{cS(\omega)}{\sqrt{P_n(\omega)}}e^{i\omega T_0},$$

即

$$H(-\omega) = \frac{cS(\omega)}{P_n(\omega)}e^{i\omega T_0}$$

时,瞬时信噪比 ρ 达到最大. 当 n 为白噪声时,其功率谱密度记为 $N_0/2$,则当

$$H(\omega) = \frac{2c\overline{S}(\omega)e^{-i\omega T_0}}{N_0},$$

即

$$h(t) = \lambda\bar{s}(T_0 - t) \quad (\lambda = 2c/N_0)$$

时,在 $t = T_0$ 时输出最大信噪比为 $\rho = \dfrac{E_s}{N_0/2}$.

3.2 正交投影

欧氏空间中两个向量的数量积为零意味着它们之间的夹角为 90°,即两个向量是垂直的(如图 3.3 所示). 由于内积是数量积的推广,利用内积可类似地引入向量的正交或垂直概念.

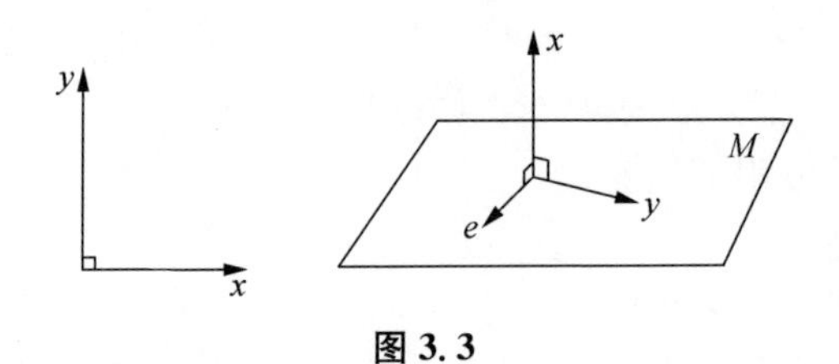

图 3.3

定义 3.2.1 设 $x, y \in H$，若 $(x, y) = 0$，则称 x 与 y 是**正交的或垂直的**，记为 $x \perp y$. 设 M, N 为 H 的两个非空集合，若对于任意的 $x \in M, y \in N$ 有 $x \perp y$ 成立，则称 M 与 N 是**正交的**，记为 $M \perp N$.

由内积定义，零向量 θ 与任何向量都正交，且与任何向量都正交的向量只能是零向量. 设 $M \subset H$，记 $M^{\perp} = \{x \in H \mid x \perp M\}$，称 $M^{\perp}$ 为 M 的正交补.

命题 3.2.1 设 H 是一内积空间，$x, y \in H$，则

(1) (Pythagorean 定理) 若 $x \perp y$，则 $\|x + y\|^2 = \|x\|^2 + \|y\|^2$；

(2) 对任意 $M \subset H$，$M^{\perp}$ 为一个闭子空间.

证明 (1) 由 $x \perp y$，有

$$\begin{aligned}\|x+y\|^2 &= (x+y, x+y) = (x,x)+(x,y)+(y,x)+(y,y) \\ &= \|x\|^2 + \|y\|^2.\end{aligned}$$

(2) 对任意的 $x, y \in M^{\perp}$，$m \in M$ 及复数 λ, μ，有

$$(\lambda x + \mu y, m) = \lambda(x, m) + \mu(y, m) = 0 \Rightarrow \lambda x + \mu y \in M^{\perp},$$

所以 $M^{\perp}$ 为 H 的子空间. 再由内积的连续性可知 $M^{\perp}$ 是闭的. □

定义 3.2.2(正交投影) 已知 M 为 H 的一个子空间，$x \in H$，如果 $x_0 \in M$ 使 $x - x_0 \perp M$，称 x_0 为 x 在 M 中的**正交投影**.

正交投影的几何意义如图 3.4 所示.

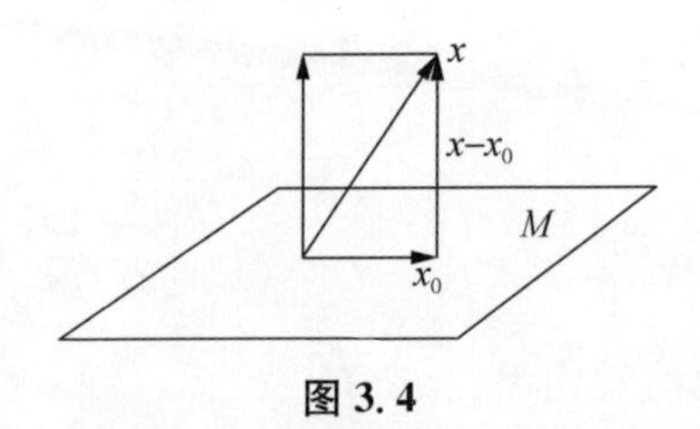

图 3.4

命题 3.2.2 (1) 一个向量在一子空间中的正交投影若存在则必是唯一的；

(2) x_0 是 x 在子空间 M 中的正交投影当且仅当 x_0 是 x 在 M 中的最佳逼近元.

证明 (1) 设 x_0, x_1 是 x 在 M 中的两个正交投影，则

$$\begin{aligned}\|x_1 - x_0\|^2 &= (x_1 - x_0, x_1 - x_0) = (x_1 - x + x - x_0, x_1 - x_0) \\ &= (x - x_0, x_1 - x_0) - (x - x_1, x_1 - x_0) = 0,\end{aligned}$$

所以 $x_0 = x_1$.

(2) 设 x_0 为 x 在 M 中的正交投影. 对于任意的 $m \in M$,有

$$\begin{aligned}\| x-m \|^2 &= \| x-x_0+x_0-m \|^2 = \| x-x_0 \|^2 + \| x_0-m \|^2 \\ &\geqslant \| x-x_0 \|^2,\end{aligned}$$

即

$$\| x-m \| \geqslant \| x-x_0 \|, \quad \inf_{m\in M} \| x-m \| = \| x-x_0 \|,$$

所以 x_0 为 x 在 M 中的最佳逼近元.

反过来,设 x_0 为 x 在 M 中的一个最佳逼近元. 由 $\inf\limits_{m\in M} \| x-m \| = \| x-x_0 \|$,对于任意的 $\lambda \in F, m \in M$,有

$$\| x-x_0 \| \leqslant \| x-(x_0+\lambda m) \|.$$

于是,由

$$\begin{aligned}&\| x-(x_0+\lambda m) \|^2 \\ &= (x-x_0, x-x_0) - \lambda(m, x-x_0) - \bar{\lambda}(x-x_0, m) + |\lambda|^2 (m,m) \\ &= \| x-x_0 \|^2 - 2\mathrm{Re}[\lambda(m, x-x_0)] + |\lambda|^2 \| m \|^2 \\ &\geqslant \| x-x_0 \|^2,\end{aligned}$$

可知

$$-2\mathrm{Re}[\lambda(m, x-x_0)] + |\lambda|^2 \| m \|^2 \geqslant 0.$$

当 $m \neq \theta$ 时,令 $\lambda = \dfrac{(x-x_0, m)}{\| m \|^2}$,代入上式可得

$$0 \leqslant -\frac{|(x-x_0, m)|^2}{\| m \|^2},$$

则 $(x-x_0, m) = 0$. 这表明 $x-x_0 \perp M$,即 x_0 是 x 在 M 中的正交投影. □

在 Hilbert 空间中,可以通过最佳逼近元存在性证明任意向量在一个闭子空间上的正交投影唯一存在.

引理 3.2.3(最佳逼近元)　设 G 为 Hilbert 空间 H 的一个非空闭凸集,x 为 H 的任意一个向量,那么 x 在 G 中的最佳逼近元存在且唯一.

证明　需要证明存在唯一向量 $x_0 \in G$ 使

$$\mathrm{dist}(x, G) = \inf\{ \| x-g \| \mid g \in G \} = \| x-x_0 \|.$$

不妨设 $x \notin G$,则 $d = \mathrm{dist}(x, G) > 0$. 由 d 的定义,可取 $x_n \in G$ 使得

$$\| x-x_n \| \leqslant d + \frac{1}{n}, \quad n = 1, 2, \cdots.$$

下证 $\{x_n\}_{n=1}^{\infty}$ 为一个 Cauchy 序列.

对于任意 $n, m > 1$,由平行四边形法则,

$$2\left(\left\| \frac{x_n - x_m}{2} \right\|^2 + \left\| x - \frac{x_n + x_m}{2} \right\|^2 \right) = \| x-x_n \|^2 + \| x-x_m \|^2,$$

于是

$$\left\|\frac{x_n-x_m}{2}\right\|^2=\frac{1}{2}(\|x-x_n\|^2+\|x-x_m\|^2)-\left\|x-\frac{x_n+x_m}{2}\right\|^2$$
$$\leqslant\frac{1}{2}\left(d+\frac{1}{n}\right)^2+\frac{1}{2}\left(d+\frac{1}{m}\right)^2-d^2\to 0\quad(n,m\to\infty),$$

注意,由 G 是凸集可知$\frac{1}{2}(x_n+x_m)\in G$. 所以

$$\lim_{m,n\to\infty}\|x_m-x_n\|=\lim_{m,n\to\infty}2\sqrt{\left\|\frac{x_m-x_n}{2}\right\|^2}=0,$$

即$\{x_n\}_{n=1}^{\infty}$ 为一个 Cauchy 序列. 令$\lim\limits_{n\to\infty}x_n=x_0$. 由 G 是闭集,$x_0\in G$,再由

$$d\leqslant\|x-x_n\|\leqslant d+\frac{1}{n},\quad n=1,2,\cdots$$

可得 $\|x-x_0\|=d$. 所以 $x_0\in G$ 为 x 在 G 中的最佳逼近元.

唯一性:设 x_0,x_1 都是 x 在 G 中的最佳逼近元,则

$$\|x-x_0\|=\|x-x_1\|=\mathrm{dist}(x,G)=d.$$

由平行四边形法则,

$$\begin{aligned}0&\leqslant\|x_0-x_1\|^2=\|(x-x_1)-(x-x_0)\|^2\\&=2\|x-x_1\|^2+2\|x-x_0\|^2-\|2x-(x_1+x_0)\|^2\\&=2d^2+2d^2-4\left\|x-\frac{1}{2}(x_0+x_1)\right\|^2\leqslant 4d^2-4d^2=0,\end{aligned}$$

注意$\frac{1}{2}(x_0+x_1)\in G$及$\left\|x-\frac{1}{2}(x_0+x_1)\right\|^2\geqslant d$. 所以 $x_0=x_1$,即 x 在 G 中的最佳逼近元是唯一的. □

下面给出向量在闭凸集中最佳逼近元的另一个特征.

定理 3.2.4 设 G 是 Hilbert 空间 H 的一个非空闭凸集,$x\in H$ 且 $x\notin G$,那么 $x_0\in G$ 为 x 在 G 中的最佳逼近元的充分必要条件是,对于任意的 $g\in G$,

$$\mathrm{Re}(x-x_0,g-x_0)\leqslant 0.$$

证明 对于任意的 $g\in G$,由 G 是凸的,$tg+(1-t)x_0\in G,0\leqslant t\leqslant 1$. 令

$$\varphi_g(t)=\|x-[tg+(1-t)x_0]\|^2,\quad 0\leqslant t\leqslant 1.$$

当 x_0 为 x 在 G 中的最佳逼近元时,$\varphi_g(t)\geqslant\varphi_g(0)=\|x-x_0\|^2$ 对任意 $g\in G$ 及 $0\leqslant t\leqslant 1$ 成立. 而

$$\begin{aligned}\varphi_g(t)&=\|x-x_0+t(x_0-g)\|^2\\&=(x-x_0+t(x_0-g),x-x_0+t(x_0-g))\\&=\|x-x_0\|^2-2t\mathrm{Re}(x-x_0,g-x_0)+t^2\|g-x_0\|^2,\end{aligned}$$

$$\frac{\varphi_g(t)-\varphi_g(0)}{t}=-2\mathrm{Re}(x-x_0,g-x_0)+t\|g-x_0\|^2,\quad 0<t\leqslant 1,$$

由 $\varphi_g(t)\geqslant\varphi_g(0)(0\leqslant t\leqslant 1)$,令 $t\to 0^+$ 可得 $\mathrm{Re}(x-x_0,g-x_0)\leqslant 0$.

反之,当 $\mathrm{Re}(x-x_0,g-x_0)\leqslant 0$ 对任意 $g\in G$ 成立时,

$$
\begin{aligned}
(x-x_0,g-x_0) &= (x-x_0,g-x+x-x_0)\\
&= -(x-x_0,x-g)+\|x-x_0\|^2,
\end{aligned}
$$

于是

$$
0\geqslant \mathrm{Re}(x-x_0,g-x_0)=-\mathrm{Re}(x-x_0,x-g)+\|x-x_0\|^2,
$$

$$
\|x-x_0\|^2\leqslant \mathrm{Re}(x-x_0,x-g)\leqslant \|x-x_0\|\ \|x-g\|,
$$

即 $\|x-g\|\geqslant\|x-x_0\|,g\in G$. 所以 x_0 是 x 在 G 中的最佳逼近元. □

设 M 为 Hilbert 空间 H 的一个闭的子空间,由最佳逼近元引理 3.2.3 可知,任意 $x\in H$ 在 M 中的最佳逼近元唯一存在,且 x_0 是 x 在 M 中的最佳逼近元当且仅当 $x-x_0\perp M$. 正交投影作为最佳逼近元的特征常常被称为正交化原理,广泛应用于最佳逼近问题.

定理 3.2.5(投影定理) 设 M 为 Hilbert 空间 H 的一个闭的子空间,则任意向量 $x\in H$ 在 M 上的正交投影唯一存在. 若 x_0 和 x_1 分别为 x 在 M 和 $M^{\perp}$ 上的正交投影,则 $x=x_0\oplus x_1$.

由引理 3.2.3 可知,任一向量 x 在 M 中的正交投影是唯一存在的. 记 x 在 M 中的正交投影为 x_0,则 $x_1=x-x_0\perp M$,所以 $x_1\in M^{\perp}$. 而由 $x-x_1=x_0\perp M^{\perp}$ 可知为 x_1 是 x 在 $M^{\perp}$ 中的正交投影,这样 $x=x_0+x_1,x_0\perp x_1$,记为 $x=x_0\oplus x_1$. 因此,H 有正交分解 $H=M\oplus M^{\perp}$.

3.3 Hilbert 空间有限逼近问题

用有限个已知向量的线性组合逼近一个向量是十分常见的问题,如用多项式逼近连续函数、用无穷级数的有限截断逼近被展开的函数.

1) 均方逼近

已知 $L^2[a,b]$ 中的函数 $\varphi_1(t),\varphi_2(t),\cdots,\varphi_n(t)$,设 $f\in L^2[a,b]$,现考虑用这 n 个函数的线性组合表示 f,使均方误差最小,即找出 $\alpha_1,\alpha_2,\cdots,\alpha_n\in F$ 使

$$
\left\| f-\sum_{k=1}^{n}\alpha_k\varphi_k\right\|_2
$$

达到最小.

由正交化原理,应求 α 使

$$
f-\alpha^{\mathrm{T}}\Phi\perp\varphi_i\quad(i=1,2,\cdots,n),
$$

其中 $\alpha=(\alpha_1,\alpha_2,\cdots,\alpha_n)^{\mathrm{T}},\Phi=(\varphi_1,\varphi_2,\cdots,\varphi_n)^{\mathrm{T}}$. 于是

$$
(f-\alpha^{\mathrm{T}}\Phi,\varphi_1)=0,\quad (f-\alpha^{\mathrm{T}}\Phi,\varphi_2)=0,\quad\cdots,\quad (f-\alpha^{\mathrm{T}}\Phi,\varphi_n)=0.
$$

当 $\varphi_1(t),\varphi_2(t),\cdots,\varphi_n(t)$ 线性无关时上述线性方程组有唯一的解 α. 这种方法称为

最小二乘法.

2) 线性波形估计问题

给定与随机变量ξ相关的n个观察数据$\eta_1,\eta_2,\cdots,\eta_n$,求出常数$a_1,a_2,\cdots,a_n$,使得线性组合$\hat{\xi}=\sum_{k=1}^{n}a_k\eta_k$表示未知随机变量$\xi$,使均方误差最小,即求解

$$\min_{a_1,a_2,\cdots,a_n}E\left(\left|\xi-\sum_{k=1}^{n}a_k\eta_k\right|^2\right).$$

设(Ω,F,P)为一个概率空间.对二阶矩有限的随机变量ξ和η,定义它们的内积为

$$(\xi,\eta)=E(\xi\overline{\eta}),$$

则

$$L^2(\Omega,F,P)=\{\xi\mid E(|\xi|^2)<\infty\}$$

为一个 Hilbert 空间.当$E(\xi)=E(\eta)=0$时,$(\xi,\eta)=\mathrm{Cov}(\xi,\eta)$,从而

$$\xi\perp\eta\Leftrightarrow\mathrm{Cov}(\xi,\eta)=0,$$

即ξ与η不相关.

由正交化原理,要使$\xi-\hat{\xi}\perp\eta_i(i=1,2,\cdots,n)$,即

$$(\xi-\hat{\xi},\eta_1)=0,\quad(\xi-\hat{\xi},\eta_2)=0,\quad\cdots,\quad(\xi-\hat{\xi},\eta_n)=0.$$

于是可得

$$Da=h,$$

其中

$$D=((\eta_i,\eta_j))\ (\text{相关矩阵}),\quad a=(a_1,a_2,\cdots,a_n)^{\mathrm{T}},$$
$$h=((\eta_1,\xi),(\eta_2,\xi),\cdots,(\eta_n,\xi))^{\mathrm{T}}.$$

所以,波形估计问题实际上就是利用待估计随机变量与观测量之间的相关性给出最佳估计.对有限脉冲响应滤波器的输入输出关系

$$y(n)=\sum_{k=0}^{N}h(k)x(n-k),$$

输出序列的每一项$y(n)$都可视为输入样本$x(n-N),x(n-N+1),\cdots,x(n)$的线性组合,用于平滑、预测、滤波等.

3.4 正交基与 Fourier 级数

正交向量在向量的线性表示中有着特别重要的作用.欧氏空间$\mathbf{R}^3$的三个坐标轴上的单位向量记为e_1,e_2,e_3,则$\{e_1,e_2,e_3\}$构成$\mathbf{R}^3$的一个正交基,任意向量

$$x=(x_1,x_2,x_3)\in\mathbf{R}^3$$

可以唯一表示为

$$x = x_1e_1 + x_2e_2 + x_3e_3 = (x,e_1)e_1 + (x,e_2)e_2 + (x,e_3)e_3,$$

且

$$\| x \|^2 = |(x,e_1)|^2 + |(x,e_2)|^2 + |(x,e_3)|^2.$$

由 Fourier 级数理论，$L^2[0,2\pi]$ 中任何实函数 $x(t)$ 可以展成三角级数

$$x(t) = a_0 + \sum_{n=1}^{\infty}(a_n \cos nt + b_n \sin nt),$$

即

$$\left\| x(t) - a_0 - \sum_{n=1}^{N}(a_n \cos nt + b_n \sin nt) \right\| \to 0 \quad (N \to \infty),$$

其中

$$a_0 = \frac{1}{2\pi}\int_0^{2\pi} x(t)\mathrm{d}t, \quad a_n = \frac{1}{\pi}\int_0^{2\pi} x(t)\cos nt\,\mathrm{d}t, \quad b_n = \frac{1}{\pi}\int_0^{2\pi} x(t)\sin nt\,\mathrm{d}t.$$

函数系$\{1,\cos t,\sin t,\cos 2t,\sin 2t,\cdots\}$构成 $L^2[0,2\pi]$ 的一个正交函数基，归一化得规范正交系为

$$\left\{\frac{1}{\sqrt{2\pi}},\frac{\cos t}{\sqrt{\pi}},\frac{\sin t}{\sqrt{\pi}},\frac{\cos 2t}{\sqrt{\pi}},\frac{\sin 2t}{\sqrt{\pi}},\cdots\right\}.$$

记 $e_0(t) = \dfrac{1}{\sqrt{2\pi}}, e_{2n-1}(t) = \dfrac{1}{\sqrt{\pi}}\cos(nt), e_{2n}(t) = \dfrac{1}{\sqrt{\pi}}\sin(nt), n \geqslant 1$，则有

$$x(t) = (x,e_0) + \sum_{n=1}^{\infty}[(x,e_{2n-1})e_{2n-1}(t) + (x,e_{2n})e_{2n}(t)],$$

$$\| x \|^2 = \sum_{n=0}^{\infty} |(x,e_n)|^2.$$

当 $x(t)$ 为复函数时，选取$\left\{e_n(t) = \dfrac{\mathrm{e}^{-\mathrm{i}nt}}{\sqrt{2\pi}} \,\middle|\, -\infty < n < \infty\right\}$构成 $L^2[0,2\pi]$ 的归一化正交系，且 $x(t) = \sum\limits_{n=-\infty}^{\infty}(x,e_n)e_n(t)$. 由这些例子可以看出，不同情形下正交向量构成不同，但向量由正交基的表示却有着一致形式.

定义 3.4.1 设 H 为一个 Hilbert 空间，$S = \{e_\alpha \mid \alpha \in \Lambda\} \subset H$，其中 Λ 是任意一个有限或无限指标集. 如果 S 的任何两个不同向量都是正交的，即

$$(e_\alpha, e_\beta) = 0, \quad \alpha \neq \beta \in \Lambda,$$

称 S 为 H 的一个**正交集(系)**. 当正交集 S 的每个向量都是单位长度的，即

$$\| e_\alpha \| = 1, \quad \alpha \in \Lambda,$$

称 S 为一个**规范正交集**. 若 S 是内积空间 H 的极大的正交集，即 $S^{\perp} = \{\theta\}$，则称 S 为一个**完全正交集**.

正交集的完全性意味着不可能有更大的正交集包含 S，所以完全正交集 S 是极大的正交集. 将 Hilbert 空间的一个完全规范正交集称为一个**规范正交基(NOB)**.

例 3.4.1 设$e_1=(1,0,\cdots,0)^{\mathrm{T}}, e_2=(0,1,\cdots,0)^{\mathrm{T}},\cdots,e_n=(0,0,\cdots,1)^{\mathrm{T}}$,则$\{e_1,e_2,\cdots,e_n\}$为欧氏空间$\mathbf{R}^n$的一个规范正交集合.

对复n维欧氏空间$\mathbf{C}^n$,令$W=\mathrm{e}^{-\mathrm{i}\frac{2\pi}{n}}$,且

$$e_1=(W^{0\cdot 0},W^{0\cdot 1},\cdots,W^{0\cdot(n-1)})^{\mathrm{T}},$$
$$e_2=(W^{1\cdot 0},W^{1\cdot 1},\cdots,W^{1\cdot(n-1)})^{\mathrm{T}},$$
$$\vdots$$
$$e_n=(W^{(n-1)\cdot 0},W^{(n-1)\cdot 1},\cdots,W^{(n-1)\cdot(n-1)})^{\mathrm{T}},$$

则可以验证$\{e_1/\sqrt{n},e_2/\sqrt{n},\cdots,e_n/\sqrt{n}\}$为$\mathbf{C}^n$的一个规范正交基,即FFT矩阵列构成的正交基.

例 3.4.2 在l^2中,令

$$e_n=(0,\cdots 0,\overset{(n)}{1},0,\cdots),\quad n=1,2,3,\cdots,$$

则$\{e_n \mid n=1,2,\cdots\}$为$l^2$中的规范正交基.

例 3.4.3 在复空间$L^2[0,2\pi]$中,令

$$e_n(t)=\frac{1}{\sqrt{2\pi}}\mathrm{e}^{\mathrm{i}nt},\quad n\in\mathbf{Z},$$

那么$\{e_n(t)\mid n\in\mathbf{Z}\}$为一个规范正交基.

定理 3.4.1(Gram-Schmidt 正交化) 设$F=\{x_k\mid k\in\Lambda\}$为内积空间$X$的一个集合,那么存在$X$的一个规范正交集$\{e_k\mid k\in\Lambda'\}(\Lambda'\subseteq\Lambda)$使得

$$x_1,x_2,\cdots,x_n\in\operatorname{span}\{e_1,e_2,\cdots,e_n\},\quad n=1,2,\cdots.$$

证明 若$x_1\neq\theta$,取$y_1=x_1,e_1=y_1/\|y_1\|$,否则用x_2代替x_1来求y_1,依次类推.

令$y_2=x_2-(x_2,e_1)e_1$,若$y_2\neq\theta$时,令$e_2=y_2/\|y_2\|$,否则用x_3代替x_2来求y_2,依次类推.

依次做下去,设得到$e_1,e_2,\cdots,e_n$,并已用过了$x_1,x_2,\cdots,x_{kn}$,则令

$$y_{n+1}=x_{nk+1}-\sum_{l=1}^{n}(x_{nk+1},e_l)e_l,$$

若$y_{n+1}\neq\theta$,则令$e_{n+1}=y_{n+1}/\|y_{n+1}\|$,若$y_{n+1}=\theta$,用$x_{nk+2}$来替代$x_{nk+1}$求$y_{n+1}$,依次类推.

依次计算下去可得到$\{e_k\mid k\in\Lambda'\}$,易看出它满足所给条件. □

定义 3.4.2 设$S=\{e_n\}_{n=1}^{\infty}$为Hilbert空间H的一个规范正交系,$x\in H$,称

$$\sum_{n=1}^{\infty}(x,e_n)e_n$$

为H中的一个**Fourier 级数**,$\{(x,e_n)\}$为x的Fourier系数.

命题 3.4.2 设$\{e_n\}_{n=1}^{\infty}$是Hilbert空间H的一个规范正交系,$x\in H$.对任意

$N \geqslant 1, x_N = \sum_{n=1}^{N}(x, e_n)e_n$ 是 x 在子空间 $\text{span}\{e_1, e_2, \cdots, e_N\}$ 上的正交投影，并且

$$\| x_N \|^2 = \sum_{n=1}^{N} |(x, e_n)|^2. \tag{3.4.1}$$

证明 由

$$\begin{aligned}(x - x_N, e_k) &= (x, e_k) - (x_N, e_k) = (x, e_k) - \sum_{n=1}^{N}(x, e_n)(e_n, e_k) \\ &= (x, e_k) - (x, e_k) = 0, \quad 1 \leqslant k \leqslant N,\end{aligned}$$

可知

$$x - x_N \perp \lambda_1 e_1 + \lambda_2 e_2 + \cdots + \lambda_N e_N, \quad \lambda_1, \lambda_2, \cdots, \lambda_N \in F,$$

即

$$x - x_N \perp \text{span}\{e_1, e_2, \cdots, e_N\}.$$

所以 $x_N = \sum_{n=1}^{N}(x, e_n)e_n$ 是 x 在子空间 $\text{span}\{e_1, e_2, \cdots, e_N\}$ 上的正交投影，式(3.4.1)显然成立. □

由上面命题可知，一个向量在有限维子空间上的正交投影可通过该子空间的规范正交基简单地表示出来.

定理 3.4.3 设 $\{e_n\}_{n=1}^{\infty}$ 是 Hilbert 空间 H 的一个规范正交系，那么对任意的 $x \in H$，有

$$\sum_{n=1}^{\infty} |(x, e_n)|^2 \leqslant \| x \|^2 \quad (\textbf{Bessel 不等式}),$$

即 $\{(x, e_n)\} \in l^2$.

证明 由命题 3.4.2 可知 $\| x_N \|^2 = \sum_{n=1}^{N} |(x, e_n)|^2$，而

$$\| x \|^2 = \| x - x_N \|^2 + \| x_N \|^2,$$

所以对任意的 $N \geqslant 1$，$\sum_{n=1}^{N} |(x, e_n)|^2 \leqslant \| x \|^2$，再令 $N \to \infty$ 可得

$$\sum_{n=1}^{\infty} |(x, e_n)|^2 \leqslant \| x \|^2.$$ □

定理 3.4.4 设 $\{e_n\}_{n=1}^{\infty}$ 是 Hilbert 空间 H 的一个规范正交系，那么对任意的 $x \in H$，x 的 Fourier 级数 $\sum_{n=1}^{\infty}(x, e_n)e_n$ 总收敛，并且当 $\{e_n\}_{n=1}^{\infty}$ 是规范正交基时，

$$\sum_{n=1}^{\infty}(x, e_n)e_n \text{ 收敛于 } x \quad \text{且} \quad \| x \|^2 = \sum_{n=1}^{\infty} |(x, e_n)|^2.$$

证明 令 $S_n = \sum_{k=1}^{n}(x, e_k)e_k, n \geqslant 1$. 首先证明 $\{S_n\}_{n=1}^{\infty}$ 收敛.

对于任意的 $m > n \geqslant 1$，

$$\| S_m - S_n \|^2 = \Big\| \sum_{k=n+1}^{m} (x, e_k) e_k \Big\|^2 = \sum_{k=n+1}^{m} |(x, e_k)|^2,$$

由 $\sum_{n=1}^{\infty} |(x, e_n)|^2$ 收敛知 $\| S_m - S_n \| \to 0, m, n \to \infty$，从而 $\{S_n\}_{n=1}^{\infty}$ 为 Cauchy 列. 因此 $\{S_n\}_{n=1}^{\infty}$ 收敛，即 $\sum_{n=1}^{\infty} (x, e_n) e_n$ 收敛.

其次设 $\{e_n\}_{n=1}^{\infty}$ 是 H 的规范正交基，记 $x' = \sum_{n=1}^{\infty} (x, e_n) e_n$. 对于任意的 $m \geqslant 1$，

$$\begin{aligned}(x - x', e_m) &= (x, e_m) - (x', e_m) \\ &= (x, e_m) - \sum_{n=1}^{\infty} (x, e_n)(e_n, e_m) \\ &= (x, e_m) - (x, e_m) = 0,\end{aligned}$$

所以 $x - x' \perp \{e_n\}_{n=1}^{\infty}$. 由 $\{e_n\}_{n=1}^{\infty}$ 的完全性知 $x - x' = \theta$，则

$$x = x' = \sum_{n=1}^{\infty} (x, e_n) e_n,$$

且

$$\| x \|^2 = \lim_{N \to \infty} \| S_N \|^2 = \lim_{N \to \infty} \sum_{n=1}^{N} |(x, e_n)|^2 = \sum_{n=1}^{\infty} |(x, e_n)|^2. \qquad \square$$

一个 Hilbert 空间是否存在规范正交基呢?下面的定理给出了答案.

定理 3.4.5 任何可分的 Hilbert 空间都有规范正交基.

证明 若一个 Hilbert 空间存在可数稠密子集，则称它是可分的. 设 H 为一个可分的 Hilbert 空间，记 $S = \{x_n\}_{n=1}^{\infty}$ 为 H 的可数稠密子集. 对 S 进行 Gram-Schmidt 正交化，可得规范正交向量 $\{e_n \mid n = 1, 2, \cdots\}$，并且对任意的正整数 n，

$$\text{span}\{x_1, x_2, \cdots, x_n\} \subset \text{span}\{e_1, e_2, \cdots, e_n\}.$$

由 S 的稠密性可知 $\{e_n \mid n = 1, 2, \cdots\}$ 是完备的，从而 $\{e_n \mid n = 1, 2, \cdots\}$ 为 H 的一个规范正交基. $\square$

例 3.4.4 已知 Legendre 多项式

$$p_0(t) = 1, \quad p_n(t) = \frac{1}{2^n n!} \frac{\mathrm{d}^n (t^2 - 1)^n}{\mathrm{d}t^n}, \quad n = 1, 2, 3, \cdots,$$

则 $\{p_0, p_1, p_2, \cdots\}$ 构成 $L^2[-1, 1]$ 的一个正交系.

由定义，$p_n(t)$ 是一个 n 次多项式. 对 $0 \leqslant m < n$，有

$$\begin{aligned}\int_{-1}^{1} p_n(t) t^m \mathrm{d}t &= \frac{1}{2^n n!} t^m \frac{\mathrm{d}^{n-1} (t^2 - 1)^n}{\mathrm{d}t^{n-1}} \Big|_{-1}^{1} - \frac{m}{2^n n!} \int_{-1}^{1} t^{m-1} \frac{\mathrm{d}^{n-1} (t^2 - 1)^n}{\mathrm{d}t^{n-1}} \mathrm{d}t \\ &= -\frac{m}{2^n n!} \int_{-1}^{1} t^{m-1} \frac{\mathrm{d}^{n-1} (t^2 - 1)^n}{\mathrm{d}t^{n-1}} \mathrm{d}t\end{aligned}$$

$$=-\frac{m}{2^n n!}t^{m-1}\frac{\mathrm{d}^{n-2}(t^2-1)^n}{\mathrm{d}t^{n-2}}\bigg|_{-1}^{1}+\frac{m(m-1)}{2^n n!}\int_{-1}^{1}t^{m-2}\frac{\mathrm{d}^{n-2}(t^2-1)^n}{\mathrm{d}t^{n-2}}\mathrm{d}t$$

$$=\cdots=(-1)^m\frac{m!}{2^n n!}\int_{-1}^{1}\frac{\mathrm{d}^{n-m}(t^2-1)^n}{\mathrm{d}t^{n-m}}\mathrm{d}t=0,$$

注意 $t=\pm 1$ 是 $(t^2-1)^n$ 的 n 重零点. 因此,当 $0\leqslant m<n$ 时,$\int_{-1}^{1}p_n(t)p_m(t)\mathrm{d}t=0$,即 $\{p_0,p_1,\cdots,p_n,\cdots\}$ 是一个正交系.

对 $n\geqslant 1$,有

$$p_n(t)=\frac{2n(2n-1)\cdots(n+1)}{2^n n!}t^n+q_{n-1}(t),$$

其中 q_{n-1} 是次数为 $n-1$ 的多项式,于是

$$\begin{aligned}\int_{-1}^{1}p_n(t)p_n(t)\mathrm{d}t&=\frac{(2n)!}{2^n(n!)^2}\int_{-1}^{1}p_n(t)t^n\mathrm{d}t+\int_{-1}^{1}p_n(t)q_{n-1}(t)\mathrm{d}t\\&=\frac{(2n)!}{2^{2n}(n!)^3}\int_{-1}^{1}t^n\frac{\mathrm{d}^n(t^2-1)^n}{\mathrm{d}t^n}\mathrm{d}t\\&=\frac{(2n)!}{2^{2n}(n!)^3}t^n\frac{\mathrm{d}^{n-1}(t^2-1)^n}{\mathrm{d}t^{n-1}}\bigg|_{-1}^{1}-\frac{n(2n)!}{2^{2n}(n!)^3}\int_{-1}^{1}t^{n-1}\frac{\mathrm{d}^{n-1}(t^2-1)^n}{\mathrm{d}t^{n-1}}\mathrm{d}t\\&=-\frac{n(2n)!}{2^{2n}(n!)^3}\int_{-1}^{1}t^{n-1}\frac{\mathrm{d}^{n-1}(t^2-1)^n}{\mathrm{d}t^{n-1}}\mathrm{d}t\\&=\cdots=(-1)^n\frac{(2n)!}{2^{2n}(n!)^2}\int_{-1}^{1}(t^2-1)^n\mathrm{d}t.\end{aligned}$$

又

$$\begin{aligned}\int_{-1}^{1}(t^2-1)^n\mathrm{d}t&=\int_{-1}^{1}(t-1)^n(t+1)^n\mathrm{d}t\\&=\frac{1}{n+1}(t-1)^n(t+1)^{n+1}\bigg|_{-1}^{1}-\frac{n}{n+1}\int_{-1}^{1}(t-1)^{n-1}(t+1)^{n+1}\mathrm{d}t\\&=-\frac{n}{n+1}\int_{-1}^{1}(t-1)^{n-1}(t+1)^{n+1}\mathrm{d}t\\&=-\frac{n}{(n+1)(n+2)}(t-1)^{n-1}(t+1)^{n+2}\bigg|_{-1}^{1}\\&\quad+\frac{n(n-1)}{(n+1)(n+2)}\int_{-1}^{1}(t-1)^{n-2}(t+1)^{n+2}\mathrm{d}t\\&=\cdots=(-1)^n\frac{n!}{(n+1)(n+2)\cdots(2n)}\int_{-1}^{1}(t+1)^{2n}\mathrm{d}t\\&=(-1)^n\frac{(n!)^2}{(2n)!}\frac{2^{2n+1}}{2n+1},\end{aligned}$$

所以

$$\int_{-1}^{1}[p_n(t)]^2\mathrm{d}t=\frac{2}{2n+1}.$$

综上,$\left\{\sqrt{n+\frac{1}{2}}\,p_n(t)\,\middle|\,n\geqslant 0\right\}$ 构成 $L^2[-1,1]$ 的规范正交系. 由 $\{1,t,t^2,t^3,\cdots\}$

的完全性可知，$\left\{\sqrt{n+\frac{1}{2}}P_n(t)\,\middle|\, n\geqslant 0\right\}$是 $L^2[-1,1]$ 的一个规范正交基.

例 3.4.5 Hermite 多项式.

令 $h(t)=e^{-t^2}$，求导得

$$h'(t)=-2te^{-t^2}=-2th(t),$$
$$h''(t)=(4t^2-2)e^{-t^2}=(4t^2-2)h(t),$$
$$h'''(t)=(12t-8t^3)e^{-t^2}=(-8t^3+12t)h(t),$$
$$h^{(4)}(t)=(16t^4-48t^2+12)h(t),$$
$$\vdots$$

可见 $(-1)^n e^{t^2}\frac{d^n}{dt^n}e^{-t^2}=H_n(t)$ 是一个最高次系数为 2^n 的 n 次多项式，且 $H_0(t)=1$，$H_1(t)=2t, H_2(t)=4t^2-2, H_3(t)=8t^3-12t,\cdots$. 称

$$H_n(t)=(-1)^n e^{t^2}\frac{d^n}{dt^n}e^{-t^2}\quad (n\geqslant 0)$$

为 n 次 Hermite 多项式，它满足递推关系

$$H_{n+1}(t)=2tH_n(t)-2nH_{n-1}(t).$$

下面我们证明 Hermite 多项式构成一个加权核正交系，使

$$\int_{-\infty}^{\infty}H_m(t)H_n(t)e^{-t^2}dt=\begin{cases}0, & n\neq m,\\ 2^n n!\sqrt{\pi}, & n=m.\end{cases}$$

令 $\varphi_n(t)=H_n(t)e^{-t^2/2}, n\geqslant 0$. 对任意整数 $m,n\geqslant 0, m\neq n$，不妨设 $m>n$，用分部积分法可得

$$\begin{aligned}(\varphi_n,\varphi_m)&=\int_{-\infty}^{\infty}e^{-t^2}H_m(t)H_n(t)dt=(-1)^m\int_{-\infty}^{\infty}H_n(t)\frac{d^m e^{-t^2}}{dt^m}dt\\&=(-1)^m H_n(t)\frac{d^{m-1}e^{-t^2}}{dt^{m-1}}\Bigg|_{-\infty}^{\infty}-(-1)^m\int_{-\infty}^{\infty}\frac{dH_n(t)}{dt}\frac{d^{m-1}e^{-t^2}}{dt^{m-1}}dt.\end{aligned}$$

由于上式第一项的函数为 $p(t)e^{-t^2}$ 形式，$p(t)$ 是多项式，故第一项为零. 归纳地使用分部积分法可得

$$(\varphi_n,\varphi_m)=(-1)^{2m}\int_{-\infty}^{\infty}e^{-t^2}\frac{d^m H_n(t)}{dt^m}dt,$$

由 $m>n$ 知 $\frac{d^m H_n(t)}{dt^m}=0$，可得 $(\varphi_n,\varphi_m)=0, m\neq n$. 而

$$\|\varphi_n\|^2=(-1)^{2n}\int_{-\infty}^{\infty}2^n n!e^{-t^2}dt=2^n n!\sqrt{\pi}.$$

记 $\psi_n(t)=\frac{1}{\sqrt{2^n n!\sqrt{\pi}}}H_n(t)e^{-t^2/2}, n\geqslant 0$，则 $\{\psi_n(t)\mid n\geqslant 0\}$ 为 $L^2(\mathbf{R})$ 的一个规范正交系. 为证其完备性，设任意

$$h(t)\in\{\psi_n(t)\mid n\geqslant 0\}^{\perp},$$

则

$$\frac{1}{\sqrt{2^n n!\sqrt{\pi}}}\int_{-\infty}^{\infty} h(t)H_n(t)e^{-t^2}\,dt = 0.$$

由于 $\mathrm{span}\{H_0(t), H_1(t), \cdots, H_n(t)\} = \mathrm{span}\{1, t, t^2, \cdots, t^n\}$,可知

$$\int_{-\infty}^{\infty} h(t)t^n e^{-t^2}\,dt = 0, \quad n \geqslant 0.$$

对任意 $\omega \in \mathbf{R}$, $e^{-i\omega t} = \sum_{n=0}^{\infty} \frac{(-i\omega)^n t^n}{n!}$,则

$$\begin{aligned}\int_{-\infty}^{\infty} h(t)e^{-t^2}e^{-i\omega t}\,dt &= \int_{-\infty}^{\infty}\sum_{n=0}^{\infty}\frac{(-i\omega)^n t^n}{n!}h(t)e^{-t^2}\,dt \\ &= \sum_{n=0}^{\infty}\frac{(-i\omega)^n}{n!}\int_{-\infty}^{\infty} h(t)t^n e^{-t^2}\,dt = 0,\end{aligned}$$

从而 $h(t)e^{-t^2}$ 的 Fourier 变换为 0,即有 $h=0$. 于是 $\{\psi_n(t) \mid n \geqslant 0\}$ 构成 $L^2(\mathbf{R})$ 的一个规范正交基.

例 3.4.6 Walsh 函数系.

受[0,1]上正交三角函数系 $\{1, \sqrt{2}\cos 2n\pi t, \sqrt{2}\sin 2n\pi t\}_{n=1}^{\infty}$ 的启发,人们引出了 Walsh 函数系. 定义

$$\begin{cases} Wal(0,t) = 1, & 0 \leqslant t \leqslant 1, \\ Wal(2n-1,t) = \mathrm{sign}(\sin(2n\pi t)), & n \geqslant 1, 0 \leqslant t \leqslant 1, \\ Wal(2n,t) = \mathrm{sign}(\cos(2n\pi t)), & n \geqslant 1, 0 \leqslant t \leqslant 1. \end{cases}$$

当 $n = 0, 1, \cdots, 5$ 时, Walsh 函数图像如图 3.5 所示.

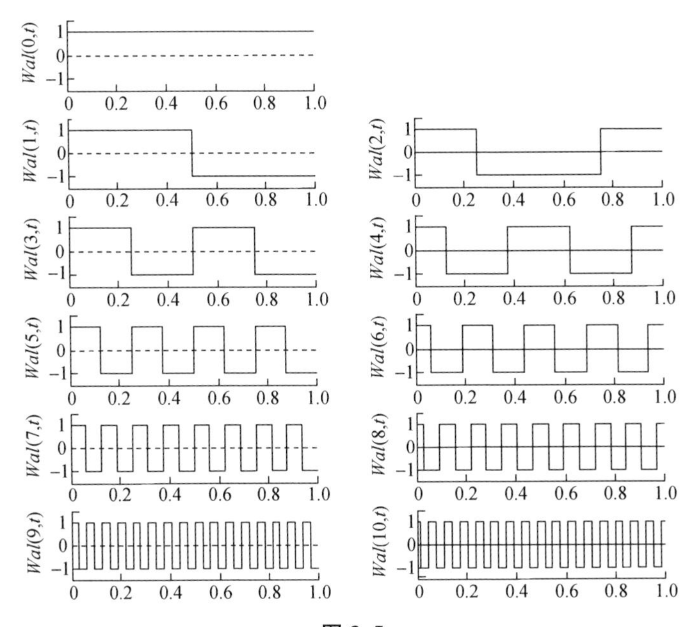

图 3.5

对于 $N\geqslant 1$，

$$Wal(2N-1,t)=\sum_{k=0}^{2^N-1}(-1)^k\chi_{[k/2^N,(k+1)/2^N)}(t),$$

$$=\sum_{k=0}^{2^{N-1}-1}[\chi_{[2k/2^N,(2k+1)/2^N)}(t)-\chi_{[(2k+1)/2^N,(2k+2)/2^N)}(t)]$$

$$Wal(2N,t)=\chi_{[0,1/2^{N+1})}(t)+\sum_{k=1}^{2^N-1}(-1)^k\chi_{[(2k-1)/2^{N+1},(2k+1)/2^{N+1})}(t)+\chi_{[(2^{N+1}-1)/2^{N+1},1)}(t)$$

$$=\sum_{k=0}^{2^N-1}(-1)^k[\chi_{[2k/2^{N+1},(2k+1)/2^{N+1})}(t)-\chi_{[(2k+1)/2^{N+1},(2k+2)/2^{N+1})}(t)],$$

这里χ_E 表示集合 E 的示性函数：$\chi_E(t)=1$ 对 $t\in E$，$\chi_E(t)=0$ 对 $t\notin E$. 记

$$\varphi(t)=\chi_{[0,1)}(t),\quad \psi(t)=\varphi(2t)-\varphi(2t-1),$$

则

$$Wal(2N-1,t)=\sum_{k=0}^{2^{N-1}-1}\psi(2^{N-1}t-k),$$

$$Wal(2N,t)=\sum_{k=0}^{2^N-1}(-1)^k\psi(2^Nt-k).$$

由于

$$\int_0^1\psi(2^Nt-m)\psi(2^{N'}t-n)\mathrm{d}t=2^{-N}\delta(N-N')\delta(n-m),\quad N,N'\geqslant 0;\ n,m\in\mathbf{Z},$$

所以$\{Wal(N,t)\mid N\geqslant 0\}$ 是一个 $L^2[0,1]$ 的规范正交系.

Walsh 函数有如下性质：

(1) $\int_0^1 Wal(0,t)\mathrm{d}t=1$，且对 $N\geqslant 1$，有

$$\int_0^1 Wal(N,t)\mathrm{d}t=0,\quad \int_0^1[Wal(N,t)]^2\mathrm{d}t=1;$$

(2) $Wal(N,t)Wal(M,t)=Wal(N\oplus M,t)$，其中 $N\oplus M$ 是 N,M 经二进制码作异或运算后得到的十进制数；

(3) 对任意正数 N，Walsh 函数系在二进制点 $0,2^{-N},2\times 2^{-N},\cdots,(2^N-1)2^{-N}$ 处采样得到长度为 2^N 的不同向量构成 $\mathbf{R}^{2^N}$ 的一个完全正交系.

例 3.4.7 采样重建.

自然界几乎所有信号可用带限信号近似. $L^2(\mathbf{R})$ 中最高频率为σ的信号空间表示为 $H_\sigma=\{x\in L^2(\mathbf{R})\mid \hat{X}(\omega)=0,\ |\omega|>\sigma>0\}$. 将 $\hat{X}(\omega)\in H_\sigma$ 视为 $L^2[-\sigma,\sigma]$ 的成员，H_σ 在 Fourier 变换下可表示为 $L^2[-\sigma,\sigma]$. 取 $L^2[-\sigma,\sigma]$ 的规范正交基

$$\left\{\frac{1}{\sqrt{2\sigma}}\mathrm{e}^{-\mathrm{i}n\pi\frac{\omega}{\sigma}}\,\middle|\,-\infty<n<\infty\right\},$$

将 $\hat{X}(\omega)$ 作 Fourier 展开，

$$\hat{X}(\omega)=\frac{1}{\sqrt{2\sigma}}\sum_{n=-\infty}^{\infty}c_n\mathrm{e}^{-\mathrm{i}n\pi\frac{\omega}{\sigma}},\quad |\omega|\leqslant\sigma\quad 且\quad \|\hat{X}(\omega)\|^2=\sum_{n=-\infty}^{\infty}|c_n|^2,$$

其中，$c_n=\frac{1}{\sqrt{2\sigma}}\int_{-\sigma}^{\sigma}\hat{X}(\omega)\mathrm{e}^{\mathrm{i}\pi n\frac{\omega}{\sigma}}\mathrm{d}\omega$. 由 Fourier 变换可知

$$c_n=\frac{1}{\sqrt{2\sigma}}\int_{-\sigma}^{\sigma}\hat{X}(\omega)\mathrm{e}^{\mathrm{i}\pi n\frac{\omega}{\sigma}}\mathrm{d}\omega=\frac{1}{\sqrt{2\sigma}}\int_{-\infty}^{\infty}\hat{X}(\omega)\mathrm{e}^{\mathrm{i}\pi n\frac{\omega}{\sigma}}\mathrm{d}\omega=\frac{2\pi}{\sqrt{2\sigma}}x\left(\frac{\pi n}{\sigma}\right).$$

记 $T=\frac{\pi}{\sigma}$，则 $\hat{X}(\omega)=\frac{\pi}{\sigma}\sum_{n=-\infty}^{\infty}x(nT)\mathrm{e}^{-\mathrm{i}nT\omega}\chi_{[-\sigma,\sigma]}(\omega)$，这里

$$\chi_{[-\sigma,\sigma]}(\omega)=\begin{cases}1, & |\omega|\leqslant\sigma,\\ 0, & |\omega|>\sigma.\end{cases}$$

对上述 $\hat{X}(\omega)$ 的级数展开作逆 Fourier 变换可得

$$x(t)=\sum_{n=-\infty}^{\infty}x(nT)\frac{\sin\sigma(t-nT)}{\sigma(t-nT)},$$

这就是著名的 Shannon 采样公式. 记 $\varphi(t)=\frac{\sin\sigma t}{\sigma t}$，上式可写成

$$x(t)=\sum_{n=-\infty}^{\infty}x(nT)\varphi(t-nT).$$

因为 $\chi_{[-\sigma,\sigma]}(\omega)\mathrm{e}^{-\mathrm{i}nT\omega}$ 的逆 Fourier 变换为 $\frac{\sin\sigma(t-nT)}{\pi(t-nT)}$，所以由 Parseval 等式可知 $\{\varphi(t-nT)\}_{n=-\infty}^{\infty}$ 构成 H_σ 的一个正交基. 又

$$\rho_\sigma(u-s)=\sum_{n=-\infty}^{\infty}\frac{\sin\sigma(s-nT)}{\sigma(s-nT)}\frac{\sin\sigma(u-nT)}{\sigma(u-nT)}=\frac{\sin\sigma(s-u)}{\sigma(s-u)},$$

且对任意 $f(t)\in H_\sigma$，

$$f(t)=(\rho_\sigma(t-s),f(s))=\int_{-\infty}^{\infty}\rho_\sigma(t-s)f(s)\mathrm{d}s.$$

所以 H_σ 还是一个再生核 Hilbert 空间.

3.5 小波基简介

$L^2(\mathbf{R})$ 被视为能量有限信号空间，它的规范正交基对处理能量有限信号非常重要. 例 3.4.5 给出了 $L^2(\mathbf{R})$ 的一个正交基，但这种正交基的函数具有无限支撑，即基函数在无限区间上取非零值，而且基函数规律性不强，难以实现在信号处理中的广泛应用. 1910 年，匈牙利数学家 A. Haar 给出了一个简单的正交基，人们称之为 Haar 小波基.

令

$$\psi(t)=\begin{cases}1, & 0\leqslant t<0.5,\\ -1 & 0.5\leqslant t<1,\\ 0 & t<0 \text{ 或 } t\geqslant 1,\end{cases}$$

对任意的 $m,n\in\mathbf{Z}$,

$$\psi_{n,m}(t)=2^{-n/2}\psi(2^{-n}t-m),$$

则 $\{\psi_{n,m}\mid n,m\in\mathbf{Z}\}$ 构成 $L^2(\mathbf{R})$ 的一个规范正交基. 这个基的重要特点是基函数都是由 ψ 的不同二进平移和尺度变换给出的,波形相似(见图 3.6)且具有很好的局部性. 这些特性使 Haar 基在计算函数正交展开时非常有用.

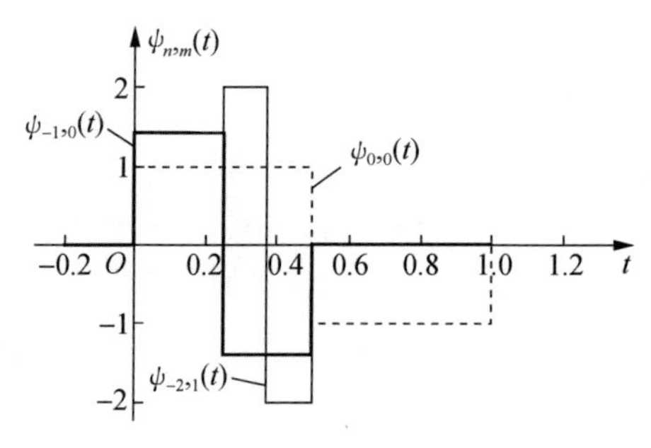

图 3.6

然而 Haar 基的函数是不连续的,它们在表示连续或可微函数时产生不理想特性,如连续函数关于该基的 Fourier 展开需要很多项的截断才能满足一定的误差要求. 因此,由连续或可微的函数组成的正交基是非常令人期待的. 那么是否存在连续的函数 ψ,使 $\{\psi_{n,m}\mid n,m\in\mathbf{Z}\}$ 构成 $L^2(\mathbf{R})$ 的规范正交基?对该问题的探讨直到 20 世纪后期才有了突破性进展,人们构造出了紧支撑的连续或可微的小波函数 ψ 使 $\{\psi_{n,m}\mid n,m\in\mathbf{Z}\}$ 构成 $L^2(\mathbf{R})$ 的规范正交基,使得小波分析获得了广泛研究和应用.

3.5.1 小波基

设 $\psi(t)\in L^2(\mathbf{R})$, $\|\psi\|=1, a_0>1, b_0>0$. 对 $n,m\in\mathbf{Z}$,

$$\psi_{n,m}(t)=a_0^{-n/2}\psi(a_0^{-n}t-mb_0).$$

若 $\{\psi_{n,m}(t)\mid n,m\in\mathbf{Z}\}$ 构成 $L^2(\mathbf{R})$ 的一个规范正交基,则称 $\{\psi_{n,m}(t)\mid n,m\in\mathbf{Z}\}$ 为一个正交小波基,ψ 为一个**正交小波**. 为计算方便,通常取 $a_0=2, b_0=1$,对应的小波基称作二进小波基.

正交小波的构造是一个重要的问题,特别是构造满足诸如具有紧支撑、消失矩、时-频局部性或光滑性等的小波. 小波构造通常可由多分辨分析来实现,即通过构造正交尺度函数 φ 来实现对母小波 ψ 的构造. 与小波函数构造密切相关的是尺度函数,当 $\{\varphi(t-n)\mid n\in\mathbf{Z}\}$ 形成一个规范正交系时,称 $\varphi(t)$ 是一个正交尺度函数.

可以证明 $\varphi(t)$ 是正交尺度函数的充要条件为

$$\hat{\varphi}(0) \neq 0 \quad 且 \quad \sum_{n=-\infty}^{\infty} |\hat{\varphi}(\omega + 2\pi n)|^2 \equiv 1.$$

对于正交尺度函数 φ 使 $\|\varphi\| = 1$，记

$$V_0 = \overline{\mathrm{span}\{\varphi(t-n) \mid n \in \mathbf{Z}\}} = \left\{\sum_n c_n \varphi(t-n) \mid (c_n) \in l^2\right\},$$

$$V_1 = \overline{\mathrm{span}\{\sqrt{2}\varphi(2t-n) \mid n \in \mathbf{Z}\}} = \left\{\sum_n c_n \sqrt{2}\varphi(2t-n) \mid (c_n) \in l^2\right\},$$

V_0, V_1 满足 $V_0 \subset V_1$，分别具有规范正交基 $\{\varphi(t-n) \mid n \in \mathbf{Z}\}$ 和 $\{\sqrt{2}\varphi(2t-n) \mid n \in \mathbf{Z}\}$. 令 $V_1 = V_0 \oplus W_0$，设 $\psi(t) \in W_0$ 使 $\{\psi(t-n) \mid n \in \mathbf{Z}\}$ 构成 W_0 的规范正交基. 于是，存在 $(h_n), (g_n) \in l^2$ 使得

$$\begin{cases} \varphi(t) = \sqrt{2}\sum_n h_n \varphi(2t-n), \\ \psi(t) = \sqrt{2}\sum_n g_n \varphi(2t-n). \end{cases} \tag{3.5.1}$$

可以证明，取 $g_n = (-1)^n \bar{h}_{1-n}$，$\{\psi(t-n) \mid n \in \mathbf{Z}\}$ 构成 W_0 的规范正交基(见[6]). 对任意 $n \in \mathbf{Z}$，记

$$V_n = \overline{\mathrm{span}\{2^{n/2}\varphi(2^n t - m) \mid m \in \mathbf{Z}\}},$$

则利用平移性可证明

$$\cdots \subset V_{-1} \subset V_0 \subset V_1 \subset \cdots,$$

且 $V_n \to \{\theta\}(n \to -\infty)$，$V_n \to L^2(\mathbf{R})(n \to \infty)$，即对任意 $f \in L^2(\mathbf{R})$，

$$\lim_{n \to -\infty} \|P_{V_n} f\| \to 0, \quad \lim_{n \to \infty} \|f - P_{V_n} f\| \to 0.$$

记 $W_n = \{f(2^n t) \mid f \in W_0\}$，则对任意 $n \in \mathbf{Z}$，

$$V_{n+1} = V_n \oplus W_n,$$

$\{2^{n/2}\psi(2^n t - m) \mid m \in \mathbf{Z}\}$ 构成 W_n 的一个规范正交基. 由上述关系可得

$$L^2(\mathbf{R}) = \cdots \oplus W_{-1} \oplus W_0 \oplus W_1 \oplus \cdots = \bigoplus_{n=-\infty}^{\infty} W_n,$$

因而 $\{\psi_{n,m}(t) \mid n, m \in \mathbf{Z}\}$ 就构成 $L^2(\mathbf{R})$ 的一个正交小波基. 构造小波基的关键是构造出合适的小波 $\psi(t)$，而 $\psi(t)$ 完全由式(3.5.1)中函数方程来表征.

例 3.5.1 Shannon 小波.

令

$$\varphi(t) = \frac{\sin \pi t}{\pi t} = \mathrm{sinc}\, t,$$

$\varphi(t)$ 是一个正交尺度函数. 由采样重建公式(见例 3.4.7)可知

$$V_n = \mathrm{span}\{\varphi_{n,m} \mid m \in \mathbf{Z}\} = \{f(t) \in L^2(\mathbf{R}) \mid \hat{f}(\omega) = 0, |\omega| > 2^n \pi\}, \quad n \in \mathbf{Z},$$

即 V_n 是频带为 $[-2^n\pi, 2^n\pi]$ 的带限信号构成的空间. $\{\varphi(t-n) \mid n \in \mathbf{Z}\}$ 为 V_0 的正

交基. 可以通过 φ 构造一个简单的小波(见图 3.7)

$$\psi(t)=\frac{\sin 2\pi(t-0.5)}{\pi(t-0.5)}-\frac{\sin\pi(t-0.5)}{\pi(t-0.5)}=2\mathrm{sinc}(2t-1)-\mathrm{sinc}\left(t-\frac{1}{2}\right).$$

例 3.5.2 Daubechies 二阶小波.

Daubechies 给出具有紧支撑的正交小波关于二尺度方程(3.5.1) 对应系数(h_n)和(g_n)的特征,再通过(h_n)和(g_n)给出一类有限支撑正交小波. 如 Daubechies 二阶小波对应的系数序列为

$$h=(h_n)=4\sqrt{2}(1+\sqrt{3},3+\sqrt{3},3-\sqrt{3},1-\sqrt{3})$$

和

$$g=(g_n)=4\sqrt{2}(1-\sqrt{3},-3+\sqrt{3},3+\sqrt{3},-(1+\sqrt{3})).$$

二阶小波具有紧支撑 $\mathrm{supp}\psi=\overline{\{t\in\mathbf{R}\mid\psi(t)\neq 0\}}\subset[0,4]$,且连续(见图 3.8). 通过选择更长系数序列 h 和 g,可构造具有紧支撑和更高光滑性的正交小波(见[6]).

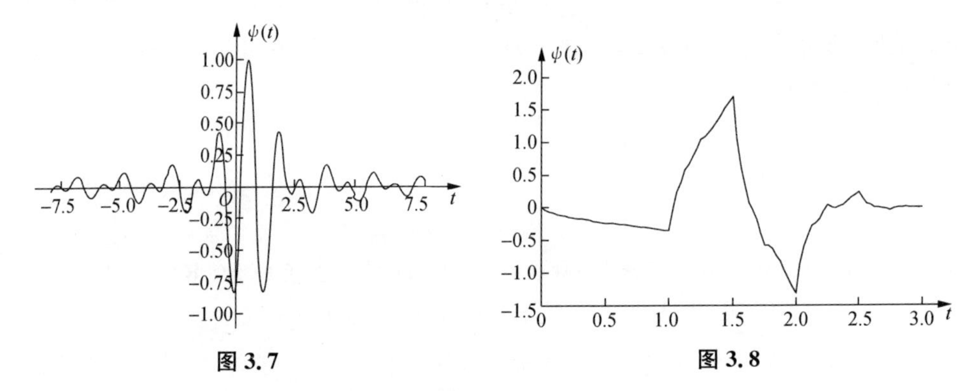

图 3.7　　　图 3.8

3.5.2 多分辨分解

已知正交尺度函数 φ 和对应的一个正交小波 ψ,令

$$\begin{aligned}V_0&=\overline{\mathrm{span}\{\varphi(t-n)\mid n\in\mathbf{Z}\}}\\&=\left\{f(t)=\sum_n c_n\varphi(t-n)\mid(c_n)\in l^2\right\},\\V_k&=\overline{\mathrm{span}\{2^{k/2}\varphi(2^kt-n)\mid n\in\mathbf{Z}\}}\\&=\left\{f(t)=\sum_n c_n2^{k/2}\varphi(2^kt-n)\mid(c_n)\in l^2\right\},\quad k\in\mathbf{Z},\\W_k&=\overline{\mathrm{span}\{2^{k/2}\psi(2^kt-n)\mid n\in\mathbf{Z}\}}\\&=\left\{f(t)=\sum_n c_n2^{k/2}\psi(2^kt-n)\mid(c_n)\in l^2\right\},\quad k\in\mathbf{Z},\end{aligned}$$

则

$$V_n = W_{n-1} \oplus V_{n-1}, \quad n \in \mathbf{Z},$$

$$L^2(\mathbf{R}) = \bigoplus_{n=-\infty}^{\infty} W_n = \cdots \oplus W_{-1} \oplus W_0 \oplus W_1 \oplus \cdots,$$

$$V_J = W_J \oplus W_{J-1} \oplus W_{J-2} \oplus \cdots \oplus W_{J-N} \oplus V_{J-N}, \quad J \in \mathbf{Z}, N \geqslant 1.$$

定理 3.5.1 对任意

$$f(t) \in V_J = W_{J-1} \oplus W_{J-2} \oplus \cdots \oplus W_{J-N} \oplus V_{J-N}, \quad J \in \mathbf{Z}, N \geqslant 1,$$

记

$$f(t) = \sum_n a_J(n)\varphi_{J,n}(t) = \sum_{k=1}^{N}\sum_n d_{J-k}(n)\psi_{J-k}(t) + \sum_n a_{J-N}(n)\varphi_{J-N,n}(t),$$

其中

$$\begin{cases} a_k(n) = (f(t), \varphi_{k,n}(t)), \\ d_k(n) = (f(t), \psi_{k,n}(t)), \end{cases} \quad k = J, J-1, \cdots, J-N; n \in \mathbf{Z},$$

则

$$(\text{分解}) \quad \begin{cases} a_{j-1}(k) = \sum_n h_n a_j(2k+n), \\ d_{j-1}(k) = \sum_n g_n a_j(2k+n), \end{cases} \quad j = J, J-1, \cdots, J-N+1;$$

$$(\text{合成}) \quad a_{j+1}(k) = \sum_n h_{k-2n} a_j(n) + \sum_n g_{k-2n} d_j(n),$$

$$j = J-N+1, J-N+2, \cdots, J.$$

上述分解、合成可由滤波器实现(如图 3.9 所示). 定理 3.5.1 奠定了小波基应用的快速算法基础. 由于初始小波系数$\{a_J(n)\}$可近似成 f 的采样值,所以小波快速算法可将实际信号的样值作为小波快速算法的初始小波系数. 小波分解与合成算法已广泛应用于信息处理,如图像压缩编码、信号去噪声、信号融合、奇异(边缘) 检测等.

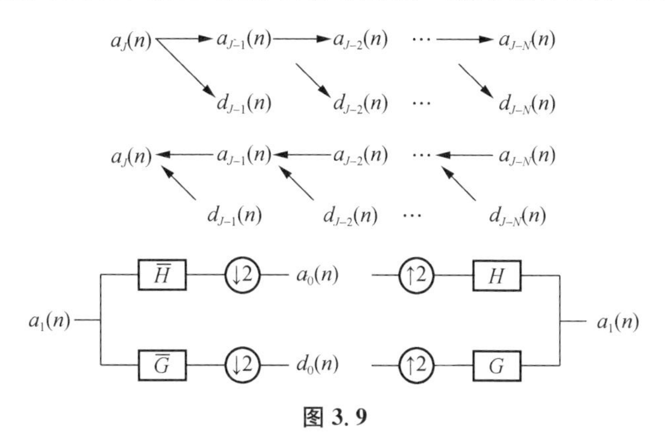

图 3.9

如果 $\psi(t)$ 是一维正交小波,则通过 $\psi(s,t) = \psi(s)\psi(t)$ 可形成一个二元正交小波,对应的二维小波算法则可以通过对不同变量独立使用一维小波算法来实现. 如图 3.10 ~ 3.12 所示,分别为 Haar 小波分解、Haar 多级分解和图像二维小波分解.

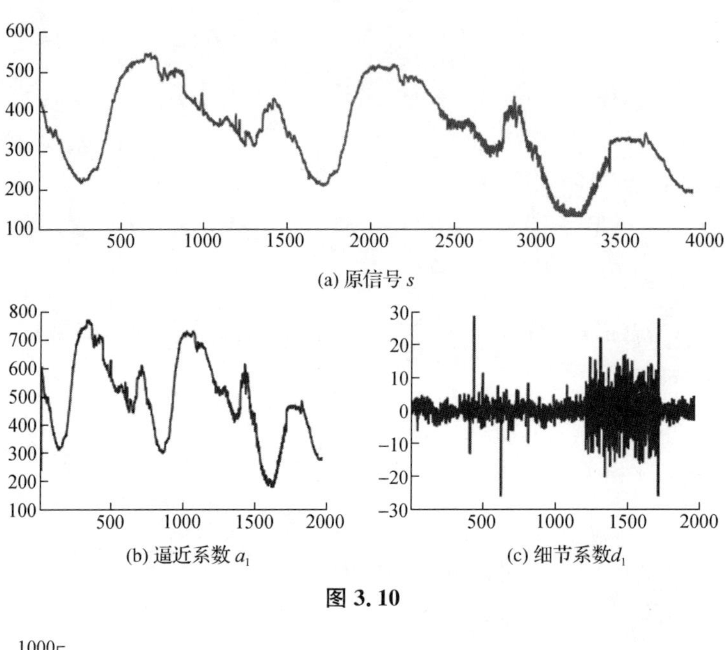

(a) 原信号 s

(b) 逼近系数 a_1　　(c) 细节系数 d_1

图 3.10

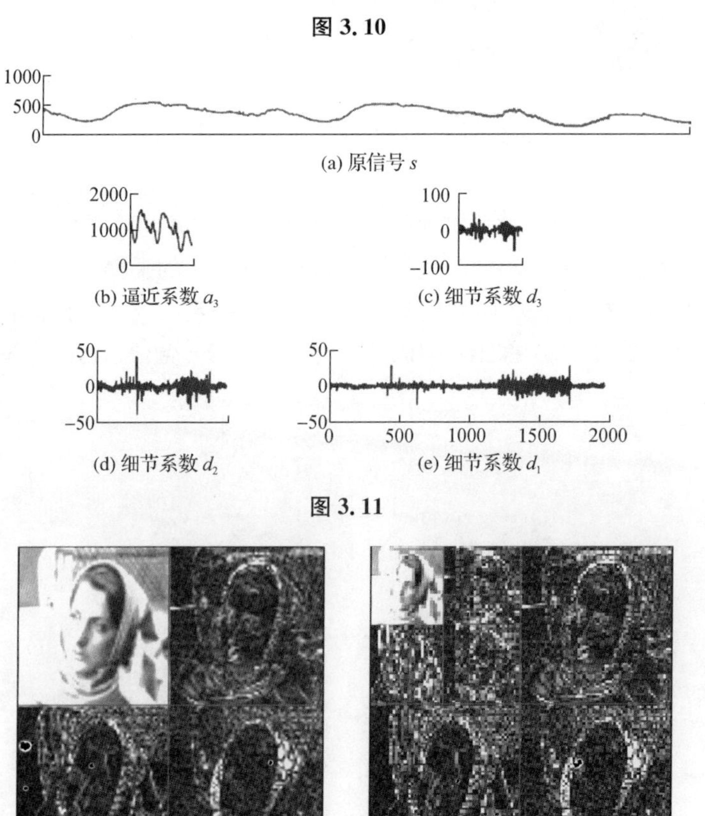

(a) 原信号 s

(b) 逼近系数 a_3　　(c) 细节系数 d_3

(d) 细节系数 d_2　　(e) 细节系数 d_1

图 3.11

(a) 一层分解　　(b) 二层分解

图 3.12

3.6 对偶算子

设 H 为一个 Hilbert 空间. 任取一个向量 $y \in H$,令 $f_y(x)=(x,y), x \in H$,则

$$f_y(x_1+x_2)=f_y(x_1)+f_y(x_2), \quad x_1,x_2 \in H,$$
$$f_y(\lambda x)=\lambda f_y(x), \quad \lambda \in \mathbf{C}, x \in H,$$
$$|f_y(x)| \leqslant \|y\| \|x\|, \quad x \in H,$$

所以 f_y 为定义 H 上一个有界线性泛函,称为由向量 y 决定的线性泛函. 下面的定理表明 Hilbert 空间 H 上的每个有界线性泛函都是由一个向量唯一决定的.

定理 3.6.1(Riesz 表示定理) 设 f 为 Hilbert 空间 H 上的任意一个有界线性泛函,则存在唯一的向量 $y_f \in H$,使得 $f(x)=(x,y_f), x \in H$,且 $\|f\|=\|y_f\|$.

证明 当 $f=0$ 时,取 $y_f=\theta$ 即可.

设 $f \neq 0$. 令 $M=\{x \in H \mid f(x)=0\}$,$M$ 是一个闭子空间(称为 f 的零空间). 由 $f \neq 0$ 可知 $M \neq H$,因而 $M^{\perp} \neq \{\theta\}$. 取 $h \in M^{\perp}$ 且 $h \neq \theta$,则 $f(h) \neq 0$.

对于任意的 $x \in H$,由 $f\left(x-\frac{f(x)}{f(h)}h\right)=0, x-\frac{f(x)}{f(h)}h \in M$,所以

$$x-\frac{f(x)}{f(h)}h \perp h, \quad \left(x-\frac{f(x)}{f(h)}h, h\right)=(x,h)-\frac{f(x)}{f(h)}(h,h)=0,$$

所以可得

$$f(x)=\frac{f(h)}{\|h\|^2}(x,h)=\left(x,\frac{f(h)}{\|h\|^2}h\right).$$

记 $y_f=\frac{f(h)}{\|h\|^2}h$,有 $f(x)=(x,y_f), x \in H$,并且 $\|f\|=\|y_f\|$.

事实上,由 Cauchy-Schwarz 不等式,$|f(x)| \leqslant \|x\| \|y_f\|$,$\|f\| \leqslant \|y_f\|$,又由 $f(y_f)=\|y_f\|^2$,$\|f\| \geqslant |f(y_f)|/\|y_f\|=\|y_f\|$,即有 $\|f\|=\|y_f\|$.

唯一性:若存在 $y_1,y_2 \in H$ 使 $f(x)=(x,y_1)=(x,y_2), x \in H$,由内积的性质可知 $y_1=y_2$. □

由 Riesz 表示定理,存在 1-1 映射 $\varphi: H^* \to H$,$f(x)=(x,\varphi(f))$ 对任意 $x \in H$ 及任意 $f \in H^*$ 成立. 对于任意的 $f,g \in H^*$ 及 $x \in H$,由 $f(x)=(x,\varphi(f))$,$g(x)=(x,\varphi(g))$,可以得到

$$\|\varphi(f)\|=\|f\|,$$
$$\varphi(f+g)=\varphi(f)+\varphi(g),$$
$$\varphi(\lambda f)=\bar{\lambda}\varphi(f), \quad \lambda \in \mathbf{C}.$$

我们称 H^* 共轭同构于 H.

设 A 为一个 $M\times N$ 矩阵,定义线性映射 $A:C^N\to C^M, A:x\to Ax, x\in C^M$. 对 $x\in C^N$ 和 $y\in C^M$,

$$(Ax,y)=\bar{y}^{\mathrm{T}}Ax=\overline{(\bar{A}^{\mathrm{T}}y)^{\mathrm{T}}}x=(x,\bar{A}^{\mathrm{T}}y).$$

记 $\bar{A}^{\mathrm{T}}=A^*$,则 $(Ax,y)=(x,A^*y)$,称 A^* 为 A 的对偶.

类似地,可引入线性算子的对偶.

定理 3.6.2 设 H_1,H_2 是两个 Hilbert 空间,且 $A\in B(H_1,H_2)$,则必有唯一的 $B\in B(H_2,H_1)$ 使得 $(Ax,y)=(x,By)$ 对任意的 $x\in H_1, y\in H_2$ 成立,且

$$\|A\|=\|B\|.$$

证明 对于任意 $y\in H_2$,定义一个线性泛函 $f_y(x)=(Ax,y), x\in H_1$,则

$$|f_y(x)|\leqslant\|Ax\|\|y\|\leqslant\|A\|\|y\|\|x\|,\quad x\in H_1,$$

所以 $\|f\|\leqslant\|A\|\|y\|$. 由 Riesz 表示定理,存在唯一的向量 $x_y\in H_1$ 使得

$$f_y(x)=(Ax,y)=(x,x_y),\quad x\in H_1,$$

且 $\|x_y\|=\|f_y\|$. 定义映射 $B:H_2\to H_1, By=x_y$,对任意 $y\in H_2$. 易证 B 是一个线性算子,且对于任意的 $x\in H_1, y\in H_2$,

$$(Ax,y)=f_y(x)=(x,x_y)=(x,By).$$

所以 $\|By\|=\|f_y\|\leqslant\|A\|\|y\|$,从而 $\|B\|\leqslant\|A\|$. 又由

$$\|Ax\|=\sup_{\substack{y\in H_2\\ \|y\|\leqslant 1}}|(Ax,y)|=\sup_{\substack{y\in H_2\\ \|y\|\leqslant 1}}|(x,By)|\leqslant\sup_{\substack{y\in H_2\\ \|y\|\leqslant 1}}\|x\|\|By\|=\|B\|\|x\|,$$

可知 $\|A\|\leqslant\|B\|$. 这样 $\|B\|=\|A\|$.

B 的唯一性显然. □

定义 3.6.1 设 H_1,H_2 为两个 Hilbert 空间,$A\in B(H_1,H_2), B\in B(H_2,H_1)$. 若对于任意的 $x\in H_1, y\in H_2$,有

$$(Ax,y)=(x,By),$$

则称 B 为 A 的**共轭算子**,记为 A^*.

例 3.6.1 设 H 是一个可分 Hilbert 空间,取 H 的一个规范正交基 $\{e_n\}_{n=1}^{\infty}$. 设 $A\in B(H)$,记 $a_{ij}=(Ae_i,e_j)$,则 A 可由无限矩阵 (a_{ij}) 来表示,由

$$(A^*e_i,e_j)=(e_i,Ae_j)=\overline{(Ae_j,e_i)}=\bar{a}_{ji}$$

知 A^* 可由无限矩阵 $(\bar{a}_{ij})^{\mathrm{T}}$ 来表示.

例 3.6.2 设 $k(s,t)$ 满足 $\iint\limits_{[a,b]\times[a,b]}|k(s,t)|^2\mathrm{d}t\mathrm{d}s<\infty$,定义

$$T:L^2[a,b]\to L^2[a,b],$$

$$(Tx)(t)=\int_a^b k(s,t)x(s)\mathrm{d}s,\quad x(t)\in L^2[a,b].$$

对任意的 $x(t),y(t)\in L^2[a,b]$,

$$(Tx,y)=\int_a^b\left[\int_a^b k(s,t)x(s)\mathrm{d}s\right]\overline{y(t)}\mathrm{d}t$$
$$=\int_a^b x(s)\,\overline{\left[\int_a^b \overline{k(s,t)}y(t)\mathrm{d}t\right]}\mathrm{d}s$$
$$=(x,T^*y),$$

所以 T 的共轭算子为

$$(T^*x)(t)=\int_a^b\overline{k(s,t)}x(s)\mathrm{d}s,\quad x(t)\in L^2[a,b].$$

例 3.6.3 设 M 是 Hilbert 空间 H 的一个闭子空间，对于任意的 $x\in H$，令 P_Mx 表示 x 在 M 中的正交投影. 可以证明，对任意 $x,y\in H,\lambda\in\mathbf{C}$，有

$$P_M(x+y)=P_Mx+P_My,\quad P_M(\lambda x)=\lambda P_Mx.$$

所以 P_M 是 H 到 H 的一个有界线性算子，称 P_M 是 M 上的**正交投影算子**. 可以验证

$$P_M^*=P_M,\quad P_M^2=P_M.$$

命题 3.6.3 设 H_1,H_2 为两个 Hilbert 空间，$S,T\in B(H_1,H_2)$，$\alpha,\beta\in\mathbf{C}$，则

(1) $(S^*)^*=S$;

(2) $(\alpha S+\beta T)^*=\bar{\alpha}S^*+\bar{\beta}T^*$;

(3) 当 $H_1=H_2$ 时，$(ST)^*=T^*S^*$;

(4) $\|T^*T\|=\|T\|^2=\|T^*\|^2$;

(5) T 可逆当且仅当 T^* 可逆，并且 $(T^{-1})^*=(T^*)^{-1}$.

证明 (1) 对 $x\in H_1,y\in H_2$，$(Sx,y)=(x,S^*y)$，所以

$$(S^*y,x)=(y,Sx),$$

由定义 3.6.1 可知 $(S^*)^*=S$.

(2) 对 $x\in H_1,y\in H_2$，由

$$\begin{aligned}((\alpha S+\beta T)x,y)&=(\alpha Sx+\beta Tx,y)=(\alpha Sx,y)+(\beta Tx,y)\\&=\alpha(Sx,y)+\beta(Tx,y)=\alpha(x,S^*y)+\beta(x,T^*y)\\&=(x,\bar{\alpha}S^*y)+(x,\bar{\beta}T^*y)=(x,(\bar{\alpha}S^*+\bar{\beta}T^*)y),\end{aligned}$$

可知 $(\alpha S+\beta T)^*=\bar{\alpha}S^*+\bar{\beta}T^*$.

(3) 对于任意的 $x,y\in H_1$，由

$$((ST)x,y)=(S(Tx),y)=(Tx,S^*y)=(x,T^*S^*y),$$

可知 $(ST)^*=T^*S^*$.

(4) 由定理 3.6.2 的证明可知 $\|T^*\|\leqslant\|T\|$，类似可得

$$\|T\|=\|(T^*)^*\|\leqslant\|T^*\|,$$

因此 $\|T\|=\|T^*\|$.

另一方面，对于 $x\in H_1$，$\|x\|\leqslant 1$，由

$$\begin{aligned}\|Tx\|^2&=(Tx,Tx)=(x,T^*Tx)\leqslant\|x\|\,\|T^*Tx\|\\&\leqslant\|T^*Tx\|\leqslant\|T^*T\|,\end{aligned}$$

可知 $\|T\|^2 \leqslant \|T^*T\| \leqslant \|T^*\|\|T\| = \|T\|^2$,所以

$$\|T^*T\| = \|T\|^2 = \|T^*\|^2.$$

(5) 设 T 是可逆的,则

$$TT^{-1} = T^{-1}T = I,$$

$$(TT^{-1})^* = (T^{-1}T)^* = (T^{-1})^*T^* = T^*(T^{-1})^* = I^* = I,$$

所以 T^* 可逆. 反之类似. □

命题 3.6.4 对于 $A \in B(H_1, H_2)$,有

$$R(A)^{\perp} = N(A^*), \quad N(A)^{\perp} = \overline{R(A^*)}.$$

这里

$$R(A) = \{Ax \mid x \in H_1\}, \quad N(A) = \{x \in H_1 \mid Ax = \theta\}.$$

证明 对任意 $y \in R(A)^{\perp}$ 及任意 $x \in H_1$,由

$$0 = (Ax, y) = (x, A^*y)$$

可知 $A^*y = \theta$,即有 $y \in N(A^*)$,所以 $R(A)^{\perp} \subset N(A^*)$. 又对任意 $y \in N(A^*)$ 及任意 $x \in H_1$,由

$$0 = (x, A^*y) = (Ax, y)$$

可知 $y \in R(A)^{\perp}$,所以 $N(A^*) \subset R(A)^{\perp}$. 这样就得到

$$N(A^*) = R(A)^{\perp}.$$

由 $A^{**} = A$ 及上述结论可知 $R(A^*)^{\perp} = N(A)$. 利用投影定理可以证明,当 M 是 Hilbert 空间 H 的一个闭子空间时,$M^{\perp\perp} = M$. 于是

$$N(A)^{\perp} = (R(A^*)^{\perp})^{\perp} = (\overline{R(A^*)}^{\perp})^{\perp} = \overline{R(A^*)}.$$ □

对于 $A \in B(H)$,考虑方程 $Ax = y$ 的求解. 对任意 $y \in H$,方程存在唯一稳定解等价于 A 有连续逆,即存在 $B \in B(H)$ 使 $AB = BA = I$,记为 $A^{-1} = B$. 方程的解为 $x = A^{-1}y$. 一般情况下,也可考虑范数最小解,即求使 $\|Ax - y\|$ 达到最小的极小范数向量,也即广义解.

命题 3.6.5 设 $A \in B(H)$ 使 $R(A)$ 为闭子空间,x^* 是 $Ax = y$ 的最小范数解,则

$$A^*Ax^* = A^*y.$$

证明 记 x^* 为 $Ax = y$ 的最小范数解,则 $\tilde{y} = Ax^* \in R(A)$ 满足

$$\|\tilde{y} - y\| = \inf_{x \in H} \|Ax - y\|.$$

由正交化原理,$\tilde{y} - y \perp R(A)$,即 $\tilde{y} - y \in R(A)^{\perp} = N(A^*)$,所以

$$A^*(\tilde{y} - y) = A^*\tilde{y} - A^*y = \theta,$$

于是 $A^*Ax^* = A^*y$. □

注:当 $A^*AA^*y = \theta$ 时,$AA^*y \in N(A^*) = R(A)^{\perp}$,可知 $AA^*y = \theta$,又

$$(y, AA^*y) = (A^*y, A^*y) = \|A^*y\|^2 = 0,$$

所以 $A^*y=\theta$，A^*A 为 $R(A^*)$ 到 $R(A^*)$ 的单射. 当 $R(A)$ 是闭子空间时，$R(A^*)$ 也是闭的，因此 $(A^*A)^{-1}$ 可以延拓成 H 上的有界算子，从而 $(A^*A)^{-1}A^*$ 也是有界的，$Ax=y$ 的范数最小解为 $(A^*A)^{-1}A^*y$.

定义 3.6.2　设 H 为一个复 Hilbert 空间，$A,B\in B(H)$.

(1) 若 $A=A^*$，则称 A 是一个**自共轭(自伴)算子**(Self-Adjoint Operator).

(2) 若对任意 $x\in H$，$(Ax,x)\geqslant 0$，则称 A 为一个**正算子**(Positive Operator).

(3) 若 $U\in B(H)$ 使

$$U^*U=UU^*=I,$$

则称 U 是一个**酉算子(Unitary Operator)**. 当两个线性算子 A,B 满足 $U^*AU=B$ 时，称 A 和 B 是等价的. 等价的算子具有完全相同的性质.

命题 3.6.6　(1) 复 Hilbert 空间 H 上的算子 A 是自共轭的当且仅当对任意的 $x\in H$，(Ax,x) 是实数；

(2) 若 U 是 H 上的一个酉算子，则 U 是保内积的，即对任意 $x,y\in H$，

$$(Ux,Uy)=(x,y),$$

而对 H 的任何一个规范正交基 $\{e_1,e_2,\cdots,e_n,\cdots\}$，$\{Ue_1,Ue_2,\cdots,Ue_n,\cdots\}$ 也是 H 的一个规范正交基；

(3) (广义 Cauchy-Scharwz 不等式) 设 A 是 H 上的一个正算子，则对于任意的 $x,y\in H$，$|(Ax,y)|^2\leqslant(Ax,x)(Ay,y)$.

证明　(1) 必要性显然，仅证充分性. 设 $x,y\in H$，$\lambda\in\mathbf{C}$，则

$$(A(x+\lambda y),x+\lambda y)=(Ax,x)+\lambda(Ay,x)+\bar{\lambda}(Ax,y)+|\lambda|^2(Ay,y)\in\mathbf{R}.$$

分别取 $\lambda=1$，$\lambda=\mathrm{i}$，代入可得

$$(Ax,x)+(Ay,x)+(Ax,y)+(Ay,y)\in\mathbf{R},$$
$$(Ax,x)+\mathrm{i}(Ay,x)-\mathrm{i}(Ax,y)+(Ay,y)\in\mathbf{R},$$

可知 $(Ay,x)+(Ax,y)$ 与 $\mathrm{i}(Ay,x)-\mathrm{i}(Ax,y)$ 均是实数，从而

$$(Ay,x)+(Ax,y)=(x,Ay)+(y,Ax),$$
$$\mathrm{i}(Ay,x)-\mathrm{i}(Ax,y)=-\mathrm{i}(x,Ay)+\mathrm{i}(y,Ax).$$

于是

$$(Ay,x)+(Ax,y)=(x,Ay)+(y,Ax),$$
$$(Ay,x)-(Ax,y)=-(x,Ay)+(y,Ax),$$

两式相减并化简可得 $(Ax,y)=(x,Ay)$，即 A 是一个自共轭算子.

(2) 证明略.

(3) 由(1) 知 A 是自共轭算子. 当 $(Ay,y)=0$ 时，结论显然成立.

设 $(Ay,y)\neq 0$，对任意 $\lambda\in\mathbf{C}$，有

$$\begin{aligned}0&\leqslant(A(x+\lambda y),x+\lambda y)\\&=(Ax,x)+\lambda(Ay,x)+\bar{\lambda}(Ax,y)+|\lambda|^2(Ay,y).\end{aligned}$$

令 $\lambda = -\dfrac{(Ax,y)}{(Ay,y)}$,代入上式可得

$$(Ax,x) - \frac{(Ax,y)(Ay,x)}{(Ay,y)} - \frac{(y,Ax)(Ax,y)}{(Ay,y)} + \frac{|(Ax,y)|^2}{(Ay,y)}$$

$$= (Ax,x) - \frac{|(Ax,y)|^2}{(Ay,y)} \geqslant 0,$$

可得 $|(Ax,y)|^2 \leqslant (Ax,x)(Ay,y)$. □

例 3.6.4 乘法算子.

设 $d(t)$ 是 $\Omega \subset \mathbf{R}$ 上一个几乎处处有界的**实**的函数,定义 H 空间 $L^2(\Omega)$ 上的算子 D:

$$(Dx)(t) = d(t)x(t), \quad 对\ x(t) \in L^2(\Omega).$$

由 $d(t)$ 的有界性,显然算子 D 是有界的. 对于任意的 $x(t), y(t) \in L^2(\Omega)$,

$$(Dx,y) = \int_\Omega d(t)x(t)\overline{y(t)}\mathrm{d}t = \int_\Omega x(t)\overline{d(t)y(t)}\mathrm{d}t = (x,Dy),$$

所以 D 是一个自共轭算子.

算子理论证明了任何一个无限可分 Hilbert 空间上的自共轭算子都等价于一个乘法算子或者若干个乘法算子的直和(见[2]).

习题 3

1. 试在 l^2 空间中给出一个无限维线性子空间 M,但 $M \neq l^2$.

2. 设 $\{x_n\}$ 是 Hilbert 空间 H 的一个序列,$\lim x_n = x_0$. 若 $y \in H$ 且 $y \perp \{x_n\}$,证明:$x_0 \perp y$.

3. 设 x, y 是复 Hilbert 空间 H 的两个向量,证明:$x \perp y$ 当且仅当对任意复数 α,

$$\|x + \alpha y\| \geqslant \|x\|.$$

4. 设 M 和 N 是 Hilbert 空间 H 的两个正交子空间,证明:$M+N$ 是闭子空间当且仅当 M 和 N 都是闭子空间.

5. (1) 设 H 为一个 Hilbert 空间,$\varphi_1, \varphi_2, \cdots, \varphi_n$ 为 H 中 n 个线性无关的向量,求一组线性无关的向量 $\psi_1, \psi_2, \cdots, \psi_n \in M = \mathrm{span}\{\varphi_1, \varphi_2, \cdots, \varphi_n\}$,使得

$$(\varphi_i, \psi_j) = \begin{cases} 1, & i = j, \\ 0, & i \neq j; \end{cases}$$

并证明:对任意 $x \in H$, $x_0 = \sum\limits_{k=1}^{n} (x, \varphi_k)\psi_k$ 是 x 在 M 中的正交投影(最佳逼近元).

(2) 上一问中 $\{\psi_1, \psi_2, \cdots, \psi_n\}$ 称为 $\{\varphi_1, \varphi_2, \cdots, \varphi_n\}$ 的双正交基,试求 $1, t, t^2, t^3$ 作为 $L^2[-1,1]$ 子空间基的双正交基.

6. 试给出包含 $e=\left(\frac{1}{\sqrt{2}},-\frac{1}{\sqrt{2}},0\right)$的 $\mathbf{R}^3$ 的一个规范正交基.

7. 设 M 与 N 是线性空间 X 中两个线性子空间,$x,y\in X$,证明:

$$x+M=y+N \Leftrightarrow M=N \text{ 且 } x-y\in M.$$

8. 设 M 是 Hilbert 空间 H 的子集,证明:$M=M^{\perp\perp}$ 的充要条件是 M 是 H 的闭子空间.

9. 证明:由关系式

$$(f,g)=\int_a^b f(x)\overline{g(x)}\mathrm{d}x,\quad f=f(x),g=g(x)\in C[a,b]$$

所定义的映射$(\cdot,\cdot)$是复空间 $C[a,b]$ 上的一个内积.

10. 证明:内积空间 X 上的范数(即由内积诱导的范数)满足平行四边形等式

$$\|x+y\|^2+\|x-y\|^2=2(\|x\|^2+\|y\|^2),\quad x,y\in X.$$

11. 设 X 是内积空间,$u,v\in X$,如果$(x,u)=(x,v)$,对 $x\in X$,求证:$u=v$.

12. 设 X 是实内积空间,试证明:对任意 $x,y\in X$,有

(1) $(x,y)=0\Leftrightarrow \|x+y\|^2=\|x\|^2+\|y\|^2$;

(2) $(x,y)=\frac{1}{4}\|x+y\|^2-\frac{1}{4}\|x-y\|^2$.

13. 设 M 是 Hilbert 空间 H 中的闭真子空间,求证:$M^{\perp}$ 必含有非零向量.

14. 设 M 与 N 是 Hilbert 空间 H 中两个闭子空间,如果 $M\perp N$,试证:$M+N$ 是 H 中的闭子空间.

15. 设函数 $\varphi(t)$ 是一个正交尺度函数,$\{\varphi(t-n)\}_{n=-\infty}^{\infty}$ 为 $L^2(\mathbf{R})$ 的规范正交系,证明:$\sum\limits_{n=-\infty}^{\infty}|\hat{\varphi}(\omega+2n\pi)|^2\equiv 1,\omega\in[0,2\pi]$.

16. 设 H 是一个 Hilbert 空间,$x_k\in H(k=1,2,\cdots,n)$,试证明:

$$\{x_1,x_2,\cdots,x_n\}\text{ 线性无关}\Leftrightarrow G(x_1,x_2,\cdots,x_n)=\det((x_i,x_j))\neq 0.$$

17. 设 M 是一个 Hilbert 空间 H 中的 n 维子空间,$\{y_1,y_2,\cdots,y_n\}$ 是 M 中的一个基. 试证明:对任意 $x\in H$,M 中对 x 的最佳逼近元 y 满足

$$\|z\|^2=\frac{G(x,y_1,y_2,\cdots,y_n)}{G(y_1,y_2,\cdots,y_n)},\quad \text{其中 } z\overset{\Delta}{=}x-y.$$

18. 求$(a_0,a_1,a_2)\in\mathbf{R}^3$,使得$\int_0^1|\mathrm{e}^t-a_0-a_1t-a_2t^2|^2\mathrm{d}t$ 取最小值.

19. 设 H 为一个实的 Hilbert 空间,$x_1,x_2,\cdots,x_n$ 为 H 的无关向量,$r_1,r_2,\cdots,r_n\in\mathbf{R}$,求满足$(x,x_i)=r_i(i=1,2,\cdots,n)$的范数最小解.

20. 设$\{e_k\in H\mid k\in\mathbf{N}^*\}$是内积空间 H 中的规范正交系,证明:

$$\sum_{k=1}^{\infty}|(x,e_k)(y,e_k)|\leqslant\|x\|\|y\|,\quad \text{对任意 } x,y\in H.$$

21. 设 $S=\{e_k\in H \mid k\in\mathbf{N}^*\}$ 是 Hilbert 空间 H 中的规范正交系，证明：

(1) S 完全 $\Leftrightarrow \overline{\operatorname{span}\{S\}}=H$；

(2) S 完全 $\Leftrightarrow (x,y)=\sum_{k=1}^{\infty}(x,e_k)\overline{(y,e_k)}$，对任意 $x,y\in H$.

22. 设 $S=\{e_k\in H \mid k\in\mathbf{N}^*\}$ 是内积空间 H 中的规范正交系，m 为正整数，对任意 $x\in H$，求证：集

$$B_m=\{e_k\in S \mid \|x\|^2<m\,|(x,e_k)|^2\}$$

中至多含有 $m-1$ 个元素.

23. 设 $e_1,e_2,\cdots,e_n$ 是 n 维线性空间 $x=\sum_{k=1}^{n}\xi_k e_k\in\mathbf{R}^n$ 的一个基，对任意

$$x=\sum_{k=1}^{n}\xi_k e_k\in\mathbf{R}^n,$$

规定 x 的范数 $\|x\|=\sum_{k=1}^{n}|\xi_k|$. 对于给定的 $a=\sum_{k=1}^{n}a_k e_k\in\mathbf{R}^n\,(a_k\in\mathbf{R})$，在 $\mathbf{R}^n$ 上定义泛函

$$f:f(x)=\sum_{k=1}^{n}a_k\xi_k,\quad x=\sum_{k=1}^{n}\xi_k e_k\in\mathbf{R}^n.$$

求证：f 是 $\mathbf{R}^n$ 上的有界线性泛函且 $\|f\|=\max_{1\leqslant k\leqslant n}|a_k|$.

24. 设 H 是 Hilbert 空间，$A\in B(H)$ 是一个 1-1 映射，且其逆 $A^{-1}\in B(H)$，求证：A 的 Hilbert 共轭算子 A^* 的逆算子 $(A^*)^{-1}$ 存在，并且 $(A^*)^{-1}=(A^{-1})^*$.

25. 给定算子

$$A:C^2\to C^2,$$

$$Ax=(\xi_1+\mathrm{i}\xi_2,\xi_1-\mathrm{i}\xi_2),\quad \text{对任意 } x=(\xi_1,\xi_2)\in C^2,$$

试求 A 的 Hilbert 共轭算子 A^*，并验证 $A^*A=AA^*=2I$.

26. 设 A 是空间 l^2 上的右推移算子：$Ax=\{0,\xi_1,\xi_2,\cdots\}$，$x=\{\xi_k\}_{k=1}^{\infty}\in l^2$.

(1) 证明 $A\in B(l^2)$，并求 $\|A\|$，值域 $R(A)$ 及零空间 $N(A)$；

(2) 求 A 的 Hilbert 共轭算子 A^*.

4 算子的谱与紧算子

线性算子的谱是矩阵特征值的推广，在微分方程和积分方程研究中发挥着重要的作用. 本章主要讨论有界线性算子的谱概念和 Hilbert 空间紧算子的谱的一些性质，给出紧算子的分解.

4.1 有界线性算子的谱

设 X,Y 是赋范线性空间，$A\in B(X,Y)$，若存在算子 $B\in B(Y,X)$ 使

$$AB=I_Y\ (Y\text{ 上的恒等算子})\quad \text{和}\quad BA=I_X\ (X\text{ 上的恒等算子}),$$

则称 A 是可逆的，B 称为 A 的**逆算子**，记为 $A^{-1}=B$.

不同于映射的可逆，有界线性算子的逆也必须是有界的. 但逆算子定理表明定义在 Banach 空间之间的有界线性算子是既单又满的，则它的逆映射必然也是有界的.

定理 4.1.1(逆算子定理) 设 X,Y 是同数域上的 Banach 空间，$A\in B(X,Y)$. 若

$$N(A)=\{x\in X\mid Ax=\theta\}=\{\theta\},\quad R(A)=\{Ax\mid x\in X\}=Y,$$

则 A 必可逆.

这里略去逆算子定理的证明(参见[5]).

定义 4.1.1 设 A 是定义在赋范空间 X 上的一个线性算子，对 $\lambda\in\mathbf{R}$(或 $\mathbf{C}$)，若存在非零向量 $x\in X$ 使 $Ax=\lambda x$ 或 $(A-\lambda I)x=\theta$，称 λ 为线性算子 A 的一个**特征值**，x 为对应特征值 λ 的一个**特征向量**.

例 4.1.1 设 $D(A)=\{x(t)\in C[0,1]\mid x''(t)\in C[0,1],x(0)=x(1)\}$. 算子 $A:D(A)\to C[0,1]$ 定义为

$$(Ax)(t)=-x''(t),\quad x(t)\in D(A),$$

则 A 是一个线性(无界)算子. 由

$$Ax=\lambda x\Leftrightarrow -x''=\lambda x\Leftrightarrow x''+\lambda x=0$$

可知，当 $\lambda\geqslant 0$ 时，方程的通解为

$$x(t)=a\cos\sqrt{\lambda}t+b\sin\sqrt{\lambda}t,\quad \text{对任意的 } a,b\in\mathbf{R}.$$

当 $\lambda\neq(2n\pi)^2$，$n\in\mathbf{Z}$ 时，A 在 $D(A)$ 中没有特征向量；当 $\lambda=(2n\pi)^2$，$n\in\mathbf{Z}$ 时，

$\sin 2n\pi t$ 和 $\cos 2n\pi t$ 均为 A 关于特征值 $(2n\pi)^2$ 的特征向量.

例 4.1.2 设 $h \in L^2[-\pi,\pi]$,令

$$Hx(t) = \frac{1}{2\pi}\int_{-\pi}^{\pi} h(t-s)x(s)\mathrm{d}s, \quad x(t) \in L^2[-\pi,\pi],$$

这里将 h 看成 2π 周期函数. 若

$$h(t) = \sum_{n=-\infty}^{\infty} h_n \mathrm{e}^{\mathrm{i}nt}, \quad h_n = \frac{1}{2\pi}\int_{-\pi}^{\pi} h(t)\mathrm{e}^{-\mathrm{i}nt}\mathrm{d}t,$$

对于任意的 $n \in \mathbf{Z}$,记 $e_n(t) = \mathrm{e}^{\mathrm{i}nt}$,则

$$He_n(t) = \frac{1}{2\pi}\int_{-\pi}^{\pi} h(t-s)\mathrm{e}^{\mathrm{i}ns}\mathrm{d}s = \frac{1}{2\pi}\int_{-\pi}^{\pi} h(u)\mathrm{e}^{\mathrm{i}n(t-u)}\mathrm{d}u$$

$$= \left(\frac{1}{2\pi}\int_{-\pi}^{\pi} h(u)\mathrm{e}^{-\mathrm{i}nu}\mathrm{d}u\right)\mathrm{e}^{\mathrm{i}nt} = h_n\mathrm{e}^{\mathrm{i}nt},$$

所以 $e_n(t) = \mathrm{e}^{\mathrm{i}nt}(n \in \mathbf{Z})$ 是 H 对应特征值 h_n 的特征向量.

例 4.1.3 在 Banach 空间 $C[0,1]$ 上定义算子 T,对任意 $x(t) \in C[0,1]$, $Tx(t) = tx(t)$. 显然 $T \in B(C[0,1])$. 对任意 $\lambda \in \mathbf{C}$,

$$(T-\lambda I)x(t) = (t-\lambda)x(t) \equiv 0 \quad \text{蕴含} \quad x(t) \equiv 0,$$

因此 T 没有特征向量.

定义 4.1.2 设 X 为一个 Banach 空间,$A \in B(X)$. 若 $A-\lambda I$ 是可逆的,则称 λ 为 A 的一个正则点,$\rho(A) = \{A$ 的正则点$\}$ 为 A 的**豫解集**;若 $A-\lambda I$ 是不可逆的,则称 λ 是 A 的一个**谱点**,$\sigma(A) = \{A$ 的谱点$\}$ 为 A 的**谱**. 将线性算子的特征值称为**点谱**,记算子 A 的所有点谱(特征值) 的集合为 $\sigma_p(A)$,则 $\sigma_p(A) \subset \sigma(A)$.

显然 $\rho(A) = \mathbf{C} - \sigma(A)$.

定理 4.1.2 设 X 为一个 Banach 空间,$A \in B(X)$. 若 $\|A\| < 1$,则 $I-A$ 是可逆的,并且

$$(I-A)^{-1} = \sum_{n=0}^{\infty} A^n = I + A + A^2 + \cdots, \quad \|(I-A)^{-1}\| \leqslant \frac{1}{1-\|A\|}.$$

证明 首先证明算子级数 $\sum_{n=0}^{\infty} A^n$ 在 Banach 空间 $B(X)$ 中是收敛的. 为此,对于整数 $n > 1$,令 $S_n = \sum_{k=0}^{n} A^k = I + A + A^2 + \cdots + A^n$,我们验证 $\{S_n\}_{n=0}^{\infty}$ 是 $B(X)$ 的一个 Cauchy 序列.

事实上,对 $m > n \geqslant 1$,

$$\|S_m - S_n\| = \left\|\sum_{k=n+1}^{m} A^k\right\| \leqslant \sum_{k=n+1}^{m} \|A\|^k = \frac{\|A\|^{n+1}(1-\|A\|^{m-n})}{1-\|A\|}$$

$$< \frac{\|A\|^{n+1}}{1-\|A\|} \to 0 \quad (m,n \to \infty),$$

即 $\{S_n\}$ 为 Cauchy 序列. 由 $B(X)$ 为一个 Banach 空间,可知存在 $S \in B(X)$ 使

$$\lim_{n\to\infty}\|S_n - S\| = 0,$$

即$S = \sum_{n=0}^{\infty} A^n$.

又因为

$$(I-A)S_n = I - A^{n+1} = S_n(I-A),$$

$$\lim_{n\to\infty}(I-A)S_n = I - \lim_{n\to\infty}A^{n+1} = I = \lim_{n\to\infty}S_n(I-A),$$

所以$(I-A)S = S(I-A)$,即 $I-A$ 是可逆的,且

$$(I-A)^{-1} = S = \sum_{n=0}^{\infty} A^n.$$

由

$$\|S\| = \lim_{n\to\infty}\|S_n\| \leqslant \lim_{n\to\infty}\sum_{k=0}^{n}\|A\|^k$$

$$= \lim_{n\to\infty}\frac{1-\|A\|^{n+1}}{1-\|A\|} = \frac{1}{1-\|A\|},$$

可得

$$\|(I-A)^{-1}\| \leqslant \frac{1}{1-\|A\|}.$$ □

定理 4.1.3 设 $X \neq \{\theta\}$ 为一个 Banach 空间,$A \in B(X)$.

(1) 若 $\lambda \in \mathbf{C}$, $|\lambda| > \|A\|$,则 $\lambda \in \rho(A)$ 且

$$R_\lambda(A) = (A-\lambda I)^{-1} = -\sum_{n=0}^{\infty}\frac{A^n}{\lambda^{n+1}}, \quad \|R_\lambda(A)\| \leqslant \frac{1}{|\lambda| - \|A\|};$$

(2) 对于 $\lambda_0 \in \rho(A)$,$\left\{\lambda \in \mathbf{C} \,\middle|\, |\lambda - \lambda_0| < \frac{1}{\|R_{\lambda_0}(A)\|}\right\} \subset \rho(A)$;

(3) $\sigma(A) \neq \varnothing$.

证明 (1) 由 $\lambda \neq 0$,有

$$A - \lambda I = -\lambda\left(I - \frac{A}{\lambda}\right), \quad \left\|\frac{A}{\lambda}\right\| < 1,$$

所以由定理 4.1.2 可知 $A - \lambda I$ 是可逆的,且

$$(A-\lambda I)^{-1} = -\frac{1}{\lambda}\left(I - \frac{A}{\lambda}\right)^{-1} = -\sum_{n=0}^{\infty}\frac{A^n}{\lambda^{n+1}},$$

$$\|R_\lambda(A)\| \leqslant \frac{1}{|\lambda| - \|A\|}.$$

(2) 对于 $\lambda_0 \in \rho(A)$,令 $\lambda \in \mathbf{C}$ 使 $|\lambda - \lambda_0| < \frac{1}{\|R_{\lambda_0}(A)\|}$. 又

$$\begin{aligned} A - \lambda I &= A - \lambda_0 I + \lambda_0 I - \lambda I \\ &= (A - \lambda_0 I)(I - (\lambda - \lambda_0)(A - \lambda_0 I)^{-1}) \\ &= (A - \lambda_0 I)(I - (\lambda - \lambda_0)R_{\lambda_0}(A)), \end{aligned}$$

因为 $\|(\lambda-\lambda_0)R_{\lambda_0}(A)\|<1$,所以由定理 4.1.2 可知 $I-(\lambda_0-\lambda)R_{\lambda_0}(A)$ 是可逆的,从而 $A-\lambda I$ 可逆,且

$$\begin{aligned}(A-\lambda I)^{-1} &= (A-\lambda_0 I)^{-1}(I-(\lambda_0-\lambda)R_{\lambda_0}(A))^{-1} \\ &= R_{\lambda_0}(A)\sum_{n=0}^{\infty}(\lambda-\lambda_0)^n[R_{\lambda_0}(A)]^n,\end{aligned}$$

可得

$$\left\{\lambda\in\mathbf{C}\,\middle|\, |\lambda-\lambda_0|<\frac{1}{\|R_{\lambda_0}(A)\|}\right\}\subset\rho(A).$$

(3) 用反证法,假设 $\sigma(A)=\varnothing$. 任取 $f\in(B(X))^*$, $\|f\|\leqslant 1$. 定义

$$F(z)=f(R_z(A))=f((A-zI)^{-1}),\quad z\in\rho(A)=\mathbf{C},$$

可知 $F(z)$ 是一个整函数,且

$$|F(z)|\leqslant\|R_z(A)\|\leqslant\frac{1}{|z|-\|A\|},\quad |z|>\|A\|.$$

显然 $F(z)$ 是一个有界整函数,由 Liouville 定理可知 $F(z)$ 必为常数,而由上式可得 $\lim\limits_{|z|\to\infty}F(z)=0$,所以 $F(z)$ 必恒为零. 再由 f 的任意性及推论 2.6.2,$R_z(A)=0$. 但对 $x\in X$ 且 $x\neq\theta$,有

$$x=Ix=(A-\lambda I)R_z(A)x=\theta,$$

矛盾!所以 $\sigma(A)\neq\varnothing$. □

定理 4.1.3 表明,Banach 空间上有界线性算子的谱是非空有界闭集.

定理 4.1.4 设 X 为一个复的 Banach 空间,$A\in B(X)$,则对于任意的复多项式 $p(z)$,有

$$\sigma(p(A))=\{p(\lambda)\mid\lambda\in\sigma(A)\}.$$

证明 对于任意的 $\lambda\in\sigma(A)$,因 $p(z)-p(\lambda)$ 可分解为 $(z-\lambda)q(z)$,所以

$$p(A)-p(\lambda)I=(A-\lambda I)q(A).$$

由 $A-\lambda I$ 是不可逆的,所以 $(A-\lambda I)q(A)=p(A)-p(\lambda)I$ 也是不可逆的,从而可知 $p(\lambda)\in\sigma(p(A))$,即 $p(\sigma(A))\subset\sigma(p(A))$.

又对 $\lambda\in\sigma(p(A))$,由代数基本定理,存在互异的复数 $a,\lambda_1,\lambda_2,\cdots,\lambda_n$ 及正整数 $k_1,k_2,\cdots,k_n$ 使得

$$p(z)-\lambda=a(z-\lambda_1)^{k_1}\cdots(z-\lambda_n)^{k_n},$$

所以

$$p(A)-\lambda I=a(A-\lambda_1 I)^{k_1}\cdots(A-\lambda_n I)^{k_n}.$$

因 $p(A)-\lambda I$ 不可逆,故 $A-\lambda_1 I,\cdots,A-\lambda_n I$ 中至少有一个是不可逆的. 记 $A-\lambda_i I$ 不可逆,$1\leqslant i\leqslant n$,所以 $\lambda_i\in\sigma(A)$,而 $p(\lambda_i)=\lambda$,故 $\lambda=p(\lambda_i)\in p(\sigma(A))$. 这样就得到 $\sigma(p(A))\subset p(\sigma(A))$.

综上,可得 $\sigma(p(A))=p(\sigma(A))$. □

4.2 Hilbert 空间紧算子的谱

紧算子起源于对积分方程的研究，是 Fredholm 积分理论统一化处理的工具. 在位势边值问题研究中，人们引入并研究第二类积分方程

$$x(t)-\int_a^b k(t,s)x(s)\mathrm{d}s=y(t). \tag{4.2.1}$$

Fredholm 运用离散化方法把这个方程化为线性方程组. Riesz, Schauder 等人则引入线性算子的概念，把该方程化归成抽象形式

$$(\lambda I-K)x=y,$$

通过算子谱分析给出了方程完美的解答. 紧算子有着与矩阵相近的一些特征，在算子理论和实际问题中得到了广泛的应用.

4.2.1 紧算子的概念

对于非零向量 $f\in H_1, g\in H_2$，用 $g\otimes f$ 表示 H_1 到 H_2 的一个线性算子，即

$$(g\otimes f)x=(x,g)f,\quad x\in H_1.$$

当 f 和 g 都是非零向量时，$g\otimes f$ 的值域

$$R(g\otimes f)=\{\lambda f\mid \lambda\in F\}$$

是一维子空间，称 $g\otimes f$ 为一个一秩算子. 由 Riesz 表示定理可以证明，H_1 到 H_2 的任何一秩算子都具有这样的形式.

进一步，还可以定义有限秩算子. 设 $F:H_1\to H_2$ 是一个 Hilbert 空间 H_1 到 H_2 的一个线性算子，若 F 的值域 $R(F)=\{Fx\mid x\in H_1\}$ 的维数 n 是有限的，则称 F 是一个**有限秩算子**或 ***n* 秩算子**. 可以证明，一个 $n(<\infty)$ 秩算子 $F:H_1\to H_2$ 都可表示成一秩算子的和，即

$$F=g_1\otimes f_1+g_2\otimes f_2+\cdots+g_n\otimes f_n,$$

其中 $\{f_1,f_2,\cdots,f_n\}$ 和 $\{g_1,g_2,\cdots,g_n\}$ 都是线性无关的. 容易知道

$$F^*=f_1\otimes g_1+f_2\otimes g_2+\cdots+f_n\otimes g_n.$$

定义 4.2.1(紧算子) 设 $K\in B(H_1,H_2)$，若存在有限秩算子列

$$\{F_n\}_{n=1}^{\infty}\subset B(H_1,H_2)$$

使得 $\lim\limits_{n\to\infty}F_n=K$，即 $\lim\limits_{n\to\infty}\|F_n-K\|=0$，则称 K 是一个**紧算子**.

下面定理给出紧算子的一个等价描述.

定理 4.2.1 设 $K\in B(H)$，则 K 是紧算子当且仅当 $\overline{KB(\theta,1)}$ 是紧集，其中

$$B(\theta,1)=\{x\in H\mid \|x\|\leqslant 1\}.$$

证明 设 K 是紧算子. 取有限秩算子列 $\{F_n\}\subset B(H)$ 使

$$\|T-F_n\|\to 0\quad (n\to\infty).$$

对任意 $\varepsilon>0$,取 $N>1$ 使当 $n\geqslant N$ 时,

$$\|K-F_N\|<\varepsilon/4.$$

由于 $F_NB(\theta,1)$ 是有限维空间 F_NH 的有界闭集,因而由定理 2.3.4 及定理 2.3.1,存在 $k\geqslant 1$ 及 $\{x_1,x_2,\cdots,x_k\}\subset H$ 使

$$F_NB(\theta,1)\subset\bigcup_{l=1}^{k}B(F_Nx_l,\varepsilon/4).$$

对任意 $x\in B(\theta,1)$,存在 l_x 使

$$F_Nx\in B(F_Nx_{l_x},\varepsilon/4).$$

于是,当 $n\geqslant N$ 时,对任意 $x\in B(\theta,1)$,

$$\begin{aligned}\|Kx-F_Nx_{l_x}\|&\leqslant\|Kx-F_Nx\|+\|F_Nx-F_Nx_{l_x}\|\\&<\|K-F_N\|\,\|x\|+\varepsilon/4<\varepsilon/2,\end{aligned}$$

所以 $Kx\in\bigcup_{l=1}^{k}B(Fx_l,\varepsilon/2)$,即 $KB(\theta,1)\subset\bigcup_{i=1}^{k}B(Fx_i,\varepsilon/2)$,$\overline{KB(\theta,1)}\subset\bigcup_{i=1}^{k}B(Fx_i,\varepsilon)$,所以 $\overline{KB(\theta,1)}$ 是紧集.

反过来,设 $\overline{KB(\theta,1)}$ 是紧集. 对任意 $\varepsilon>0$,存在有限集 $\{x_1,x_2,\cdots,x_k\}\subset B(\theta,1)$ 使得 $KB(\theta,1)\subset\bigcup_{i=1}^{k}B(Kx_i,\varepsilon/3)$. 取 $\overline{KH}$ 的规范正交基 $\{e_n\mid n\geqslant 1\}$,并令 P_n 是到 $\mathrm{span}\{e_1,e_2,\cdots,e_n\}$ 上的正交投影. 对任意向量 x,由 Bessel 不等式知道

$$\|(I-P_n)Kx\|\to 0\quad(n\to\infty).$$

取 $N>1$ 使当 $n\geqslant N$ 时

$$\|(I-P_n)Kx_i\|<\varepsilon/3,\quad 1\leqslant i\leqslant k.$$

对任意 $x\in B(\theta,1)$,取 i' 使 $Kx\in B(Kx_{i'},\varepsilon/3)$,于是

$$\begin{aligned}\|Kx-P_nKx\|&\leqslant\|Kx-Kx_{i'}\|+\|Kx_{i'}-P_nKx_{i'}\|+\|P_n(Kx_{i'}-Kx)\|\\&<\varepsilon,\quad n\geqslant N.\end{aligned}$$

由 x 的任意性可知 $\|K-P_nK\|<\varepsilon,n\geqslant N$. 所以 K 是紧算子. □

推论 4.2.2 设 $K\in B(H)$ 为一个紧算子,则对任意有界序列 $\{x_n\}\subset H$,$\{Kx_n\}$ 存在收敛的子列.

命题 4.2.3 (1) 设 K 是 H 上的一个紧算子,$A\in B(H)$,则 AK,KA 均是紧算子;

(2) 设 K 是 H 上的一个紧算子,则 K^* 也是紧算子.

证明 (1) 由定义 4.2.1,取有限秩算子列 $\{F_n\}_{n=1}^{\infty}$ 使 $\lim\limits_{n\to\infty}\|K-F_n\|=0$,则由

$$\|AK-AF_n\|\leqslant\|A\|\,\|K-F_n\|$$

及

$$\|KA-F_nA\|\leqslant\|A\|\,\|K-F_n\|,$$

可知 AK,KA 均是紧算子.

(2) 由 $\| K^* - F_n^* \| = \| K - F_n \|$ 知 K^* 是紧算子. □

例 4.2.1 令 $X = L^2[a,b]$,取函数 $k(s,t)$ 使

$$\iint_{[a,b]\times[a,b]} |k(s,t)|^2 \mathrm{d}s\mathrm{d}t < \infty.$$

定义算子 K 为

$$(Kx)(t) = \int_a^b k(s,t)x(s)\mathrm{d}s, \quad x(t) \in L^2[a,b],$$

则

$$\begin{aligned}\int_a^b |(Kx)(t)|^2 \mathrm{d}t &= \int_a^b \left|\int_a^b k(s,t)x(s)\mathrm{d}s\right|^2 \mathrm{d}t \\ &\leqslant \int_a^b \left(\int_a^b |k(s,t)|^2 \mathrm{d}s \int_a^b |x(s)|^2 \mathrm{d}s\right)\mathrm{d}t \\ &= \int_a^b\int_a^b |k(s,t)|^2 \mathrm{d}s\mathrm{d}t \int_a^b |x(s)|^2 \mathrm{d}s,\end{aligned}$$

即 $\| Kx \|^2 \leqslant \iint_{[a,b]\times[a,b]} |k(s,t)|^2 \mathrm{d}s\mathrm{d}t \| x \|^2$,从而

$$\| K \| \leqslant \left(\iint_{[a,b]\times[a,b]} |k(s,t)|^2 \mathrm{d}s\mathrm{d}t\right)^{1/2},$$

所以 K 是一个有界线性算子,下证 K 还是紧算子.

取 $L^2[a,b]$ 的一个规范正交基$\{\varphi_n(t)\}_{n=1}^{\infty}$,令

$$\psi_{n,m}(s,t) = \varphi_n(s)\varphi_m(t), \quad n,m \geqslant 1,$$

则$\{\psi_{n,m}\}_{n,m=1}^{\infty}$ 为 $L^2([a,b]\times[a,b])$ 的一个规范正交基. 事实上,$\{\psi_{n,m}\}_{n,m=1}^{\infty}$ 是一个规范正交系是显然的. 为证完全性,取一个函数 $x(s,t) \in L^2([a,b]\times[a,b])$,使得 $x \perp \{\psi_{n,m}\}_{n,m=1}^{\infty}$. 于是

$$\begin{aligned}0 = (x,\psi_{n,m}) &= \int_a^b\int_a^b x(s,t)\bar{\varphi}_n(s)\bar{\varphi}_m(t)\mathrm{d}s\mathrm{d}t \\ &= \int_a^b \left(\int_a^b x(s,t)\bar{\varphi}_n(s)\mathrm{d}s\right)\bar{\varphi}_m(t)\mathrm{d}t, \quad n,m \geqslant 1,\end{aligned}$$

记 $x'(t) = \int_a^b x(s,t)\bar{\varphi}_n(s)\mathrm{d}s$,由上知 $x'(t) \in L^2[a,b]$,且$(x',\varphi_m) = 0$,即 $x' \perp \varphi_m$,其中 $m \geqslant 1$. 又由$\{\varphi_m(t)\}_{m=1}^{\infty}$ 的完全性可知 $x' = 0$. 再由

$$x'(t) = \int_a^b x(s,t)\bar{\varphi}_n(s)\mathrm{d}s$$

及$\{\varphi_n(t)\}_{n=1}^{\infty}$ 的完全性可知

$$x(s,t) \equiv 0, \quad \text{a. e. } [a,b]\times[a,b],$$

即 $x = 0$. 所以$\{\psi_{n,m}\}_{n,m=1}^{\infty}$ 是 $L^2([a,b]\times[a,b])$ 上的规范正交基.

令 $k(s,t) = \sum_{n,m=1}^{\infty} \lambda_{n,m}\psi_{n,m}(s,t)$,则 $\| k(s,t) \|^2 = \sum_{n,m=1}^{\infty} |\lambda_{n,m}|^2 < \infty$. 对 $N > 1$,

令 $k_N(s,t)=\sum\limits_{n,m=1}^{N}\lambda_{n,m}\psi_{n,m}(s,t)$，定义

$$
\begin{aligned}
(K_N x)(t) &= \int_a^b k_N(s,t)x(s)\mathrm{d}s \\
&= \sum_{n,m=1}^{N}\lambda_{n,m}\left(\int_a^b \varphi_n(s)x(s)\mathrm{d}s\right)\varphi_m(t), \quad x(t)\in L^2([a,b]),
\end{aligned}
$$

显然 K_N 是 $L^2([a,b])$ 上的 N 秩算子. 由

$$
\begin{aligned}
\| (K-K_N)x \|^2 &= \left\| \sum_{n,m>N}^{\infty}\lambda_{n,m}\left(\int_a^b x(s)\varphi_n(s)\mathrm{d}s\right)\varphi_m(t)\right\|^2 \\
&\leqslant \sum_{n,m>N}^{\infty} |\lambda_{n,m}|^2 \left| \left(\int_a^b x(s)\varphi_n(s)\mathrm{d}s\right)\right|^2 \\
&\leqslant \|x\|^2 \sum_{n,m>N}^{\infty} |\lambda_{n,m}|^2,
\end{aligned}
$$

知 $\|K-K_N\| \leqslant \left(\sum\limits_{n,m>N}^{\infty}|\lambda_{n,m}|^2\right)^{1/2} \to 0(N\to\infty)$，所以 K 是一个紧算子.

特别地，取 $h\in L^2[-\pi,\pi]$，将 $h(t)$ 视为以 2π 为周期的函数，算子 K 定义为

$$
(Kf)(x)=\int_{-\pi}^{\pi}h(x-y)f(y)\mathrm{d}y, \quad f\in L^2[-\pi,\pi].
$$

将 h 展成 Fourier 级数，

$$
h(x)=\sum_{n=-\infty}^{\infty}h_n \mathrm{e}^{\mathrm{i}nx},
$$

则对任意 $f(x)=\sum\limits_{n=-\infty}^{\infty}f_n\mathrm{e}^{\mathrm{i}nx}\in L^2[-\pi,\pi]$，有

$$
(Kf)(x)=\sum_{n=-\infty}^{\infty}h_n\left(\int_{-\pi}^{\pi}f(y)\mathrm{e}^{-\mathrm{i}ny}\mathrm{d}y\right)\mathrm{e}^{\mathrm{i}nx}=2\pi\sum_{n=-\infty}^{\infty}h_n f_n \mathrm{e}^{\mathrm{i}nx}.
$$

显然，$K(\mathrm{e}^{\mathrm{i}mx})=2\pi h_m\mathrm{e}^{\mathrm{i}mx}$，$m\in\mathbf{Z}$，于是 $\{2\pi h_n \mid n\in\mathbf{Z}\}$ 构成 K 的特征值之集. 后面我们可进一步证明 $\sigma(K)=\{2\pi h_n \mid n\in\mathbf{Z}\}\cup\{0\}$.

这个紧算子 K 的谱展示了算子的谱与信号谱之间的联系，也表现了紧算子谱的一般形式.

4.2.2 紧算子的谱

有限秩算子可由矩阵表示，而作为有限秩算子极限的紧算子，它的谱是矩阵特征值的一种推广.

定理 4.2.4 设 H 是一个无限维复 Hilbert 空间，$K\in B(H)$ 是一个紧算子.

(1) $0\in\sigma(K)$，即 K 不可逆；

(2) 若 $\lambda\in\sigma_p(K)$，$\lambda\neq 0$，则特征空间 $N(K-\lambda I)$ 一定是有限维的；

(3) 对 $\lambda \in \mathbf{C}, \lambda \neq 0$,则 λ 或者是 K 的特征值,或者是 K 的正则点.

证明　(1) 若 K 可逆,则由 $KK^{-1} = I$ 知道 H 上的单位算子 I 是紧的. 但因为 H 是无限维的,它的任何一个规范正交基不可能有收敛的子列,所以单位算子不是紧的. 这个矛盾表明 K 是不可逆的.

(2) 假设 $\dim N(K-\lambda I) = \infty$. 取 $N(K-\lambda I)$ 的一个规范正交基 $\{e_n\}_{n=1}^{\infty}$,则

$$Ke_n = \lambda e_n, \quad n = 1,2,\cdots.$$

由 K 是紧算子,$\{\lambda e_n\}_{n=1}^{\infty}$ 必有收敛的子列. 但当 $n \neq n'$ 时,

$$\| \lambda e_n - \lambda e_{n'} \| = |\lambda| \sqrt{2} > 0,$$

显然,$\{\lambda e_n\}_{n=1}^{\infty}$ 不可能有收敛的子列,与 K 是紧的矛盾!所以 $\dim N(K-\lambda I) < \infty$.

(3) 设 $\lambda \notin \sigma_p(K)$,则 $N(K-\lambda I) = \{\theta\}$,即 $K-\lambda I$ 是单的.

首先证明 $R(K-\lambda I)$ 是闭子空间. 记 $\delta = \inf\limits_{\|x\|=1} \|(K-\lambda I)x\|$. 若

$$\inf_{\|x\|=1} \|(K-\lambda I)x\| = 0,$$

则存在向量 $\{x_n\}_{n=1}^{\infty}$ 使 $\|x_n\| = 1$ 且 $\|(K-\lambda I)x_n\| \to 0, n \to \infty$. 由 K 是紧算子,存在子列 $\{x_{n_k}\}_{k=1}^{\infty}$ 使 $\{Kx_{n_k}\}$ 收敛,又由 $x_{n_k} = -\lambda^{-1}[(K-\lambda I)x_{n_k} - Kx_{n_k}]$ 知 $\{x_{n_k}\}_{k=1}^{\infty}$ 是收敛的. 记 $\lim\limits_{k\to\infty} x_{n_k} = x_0$,则 $\|x_0\| = 1, (K-\lambda I)x_0 = \theta$,即有 $Kx_0 = \lambda x_0$,而这与 $\lambda \notin \sigma_p(K)$ 矛盾,所以 $\delta > 0$ 且

$$\|(K-\lambda I)x\| \geqslant \delta \|x\|, \quad x \in H.$$

任取 $\{x_n\} \subset H$ 使 $(K-\lambda I)x_n \to y (n \to \infty)$. 由

$$\|x_m - x_n\| \leqslant \frac{1}{\delta} \|(K-\lambda I)(x_m - x_n)\|$$

可知 $\{x_n\}$ 是 Cauchy 列,从而收敛. 记 $x_n \to x (n \to \infty)$,则

$$(K-\lambda I)x_n \to (K-\lambda I)x = y,$$

所以 $R(K-\lambda I)$ 是闭子空间. 类似地,$R(K-\lambda I)^n$ 也是 H 的闭子空间.

其次,由 $N(K-\lambda I) = \{\theta\}$ 可证 $R(K-\lambda I) = H$. 事实上,若 $R(K-\lambda I)$ 为 H 的真闭子空间,则由 $N(K-\lambda I) = \{\theta\}$ 可知

$$R(K-\lambda I)^2 \subsetneqq R(K-\lambda I).$$

这是因为,当 $x_0 \notin R(K-\lambda I)$ 时,$(K-\lambda I)x_0 \notin R(K-\lambda I)^2$. 同理,

$$R(K-\lambda I)^3 \subsetneqq R(K-\lambda I)^2.$$

归纳可得

$$\cdots \subsetneqq R(K-\lambda I)^{n+1} \subsetneqq R(K-\lambda I)^n \subsetneqq \cdots$$
$$\subsetneqq R(K-\lambda I) \subsetneqq R(K-\lambda I)^0 = H.$$

对每个 $n \geqslant 1$,由于 $R(K-\lambda I)^n$ 为 $R(K-\lambda I)^{n-1}$ 的真闭子空间,根据投影定理,存在单位向量

$$e_n \in R(K-\lambda I)^{n-1}, \quad e_n \perp R(K-\lambda I)^n,$$

从而对任意 $x \in R(K-\lambda I)^n$，$\| e_n - x \| \geqslant 1$. 于是，对任意 $m > n \geqslant 1$，有

$$Ke_m - Ke_n = (K-\lambda I)e_m - (K-\lambda I)e_n + \lambda(e_m - e_n),$$

$$\| Ke_m - Ke_n \| / |\lambda| = \| e_m - e_n + (K-\lambda I)e_m/\lambda - (K-\lambda I)e_n/\lambda \|.$$

由于

$$e_m + (K-\lambda I)e_m/\lambda \in R(K-\lambda I)^{m-1},$$

$$e_m + (K-\lambda I)e_m/\lambda - (K-\lambda I)e_n/\lambda \in R(K-\lambda I)^n,$$

可知

$$\| Ke_m - Ke_n \| / |\lambda| = \| e_m - e_n + (K-\lambda I)e_m/\lambda - (K-\lambda I)e_n/\lambda \| \geqslant 1,$$

从而 $\| Ke_m - Ke_n \| \geqslant |\lambda| > 0$，$\{Ke_n\}$ 没有收敛子列. 这与 K 是紧算子矛盾. 因此

$$R(K-\lambda I) = H.$$

再由逆算子定理可知 $K-\lambda I$ 是可逆的，即 λ 为 K 的正则点. □

定理 4.2.5 设 K 是 Hilbert 空间 H 上的一个紧算子，则

$$\sigma(K) = \sigma_p(K) \cup \{0\} = \{0, \lambda_1, \lambda_2, \cdots\},$$

其中 $\lambda_n, n = 1, 2, \cdots$ 是 K 的非零特征值.

证明 由定理 4.2.4，只需证明 $\sigma_p(K)$ 没有非零聚点. 用反证法，假设存在 $\lambda_0 \neq 0$ 及 $\{\lambda_n\} \subset \sigma_p(K)$ 使得 $\lim\limits_{n\to\infty}\lambda_n = \lambda_0$. 不妨设 $|\lambda_n| > 0$，则存在 $M > 0$ 使

$$\left|\frac{1}{\lambda_n}\right| \leqslant M, \quad n \geqslant 1.$$

令 x_n 为 K 的特征值 λ_n 对应的一个特征向量. 对于 $n \geqslant 1$，记 $e_n \in \operatorname{span}\{x_1, x_2, \cdots, x_n\}$ 是一单位向量且 $e_n \perp \operatorname{span}\{x_1, x_2, \cdots, x_{n-1}\}$. 令 $e_n = c_n x_n + \sum\limits_{k=1}^{n-1} c_k x_k$，则

$$\frac{Ke_n}{\lambda_n} = c_n x_n + \sum_{k=1}^{n-1} \frac{\lambda_k}{\lambda_n} c_k x_k,$$

可得

$$e_n - \frac{Ke_n}{\lambda_n} = \sum_{k=1}^{n-1} c_k \left(1 - \frac{\lambda_k}{\lambda_n}\right) x_k, \quad n \geqslant 1.$$

对任意 $1 \leqslant m < n$，有

$$\frac{Ke_n}{\lambda_n} - \frac{Ke_m}{\lambda_m} = e_n - \sum_{k=1}^{n-1} c_k \left(1 - \frac{\lambda_k}{\lambda_n}\right) x_k - \sum_{k=1}^{m} c_k' \frac{\lambda_k}{\lambda_m} x_k,$$

其中，$Ke_m = \sum\limits_{k=1}^{m} c_k' \lambda_k x_k$. 记

$$z_n = \sum_{k=1}^{n-1} c_k \left(1 - \frac{\lambda_k}{\lambda_n}\right) x_k + \sum_{k=1}^{m} c_k' \frac{\lambda_k}{\lambda_m} x_k,$$

则 $z_n \in \operatorname{span}\{x_1, x_2, \cdots, x_{n-1}\}$，$e_n \perp z_n$. 所以

$$\left\| \frac{Ke_n}{\lambda_n} - \frac{Ke_m}{\lambda_m} \right\|^2 = \| e_n - z_n \|^2 = \| e_n \|^2 + \| z_n \|^2 \geqslant \| e_n \|^2 = 1.$$

这意味着$\left\{\frac{Ke_n}{\lambda_n}\right\}$的任何子列都不是Cauchy列. 但因$\left\|\frac{e_n}{\lambda_n}\right\| \leqslant \frac{1}{|\lambda_n|} \leqslant M$和$K$是紧算子,$\left\{\frac{Ke_n}{\lambda_n}\right\}$必有收敛子列,与上面的结论矛盾. 所以$\sigma_p(K)$没有非零的聚点. □

4.3　紧算子的分解

矩阵的奇异值分解是十分重要的工具,紧算子也具有类似的分解.

先构造一个具体的例子. 设 H 为一个无限维 Hilbert 空间,$M_1, M_2, M_3, \cdots$ 是 H 的一列互相正交的有限维子空间,使得 $H = M_1 \oplus M_2 \oplus M_3 \oplus \cdots$. 令$\{\lambda_n\}_{n=1}^{\infty}$ 为一个实数列,使$\lim\limits_{n\to\infty} \lambda_n = 0$. 定义算子 K:

$$Kx = \lambda_1 x_1 + \lambda_2 x_2 + \cdots, \quad 对任意\ x = x_1 \oplus x_2 \oplus \cdots \in H = \bigoplus_{n=1}^{\infty} M_n.$$

由

$$\| Kx \|^2 = \sum_{n=1}^{\infty} \| \lambda_n x_n \|^2 = \sum_{n=1}^{\infty} |\lambda_n|^2 \| x_n \|^2$$

$$\leqslant \sup_{n\geqslant 1} |\lambda_n| \sum_{n=1}^{\infty} \| x_n \|^2 = \sup_{n\geqslant 1} |\lambda_n| \ \| x \|^2,$$

可知 $\| K \| \leqslant \sup\limits_{n\geqslant 1} |\lambda_n|$. 显然$\sigma_p(K) = \{\lambda_n \mid n \geqslant 1\}$.

利用正交投影,可以将 K 表示成

$$K = \lambda_1 P_{M_1} + \lambda_2 P_{M_2} + \cdots = \sum_{n=1}^{\infty} \lambda_n P_{M_n}.$$

令

$$F_N = \sum_{n=1}^{N} \lambda_n P_{M_n}, \quad N \geqslant 1,$$

则对任意的 $N \geqslant 1$,F_N 是有限秩算子. 对任意的 $x = \bigoplus\limits_{n=1}^{\infty} x_n \in \bigoplus\limits_{n=1}^{\infty} M_n$,有

$$\| Kx - F_N x \|^2 = \left\| \sum_{n=1}^{\infty} \lambda_n x_n - \sum_{n=1}^{N} \lambda_n x_n \right\|^2 = \left\| \sum_{n=N+1}^{\infty} \lambda_n x_n \right\|^2$$

$$= \sum_{n=N+1}^{\infty} |\lambda_n|^2 \| x_n \|^2$$

$$= \sup_{n\geqslant N+1} |\lambda_n|^2 \left\| \sum_{n=N+1}^{\infty} x_n \right\|^2$$

$$\leqslant \left(\sup_{n\geqslant N+1} |\lambda_n| \right)^2 \| x \|^2,$$

所以

$$\| K - F_N \| \leqslant \sup_{n \geqslant N+1} | \lambda_n | \to 0 \quad (n \to \infty).$$

这样，K 是 H 上一个紧算子，且

$$K^* = K.$$

一个特别的情形是取 H 的一个规范正交基 $\{e_n\}_{n=1}^{\infty}$，且

$$M_n = \{\lambda e_n \mid \lambda \in \mathbf{C}\} = \operatorname{span}\{e_n\}, \quad n \geqslant 1.$$

令 $\{\lambda_n\}_{n=1}^{\infty}$ 为实数列，使 $\lim\limits_{n\to\infty}\lambda_n = 0$，上述紧算子还可以表示成

$$K = \sum_{n=1}^{\infty} \lambda_n P_n = \sum_{n=1}^{\infty} \lambda_n e_n \otimes e_n,$$

且 $\sigma(K) = \sigma_p(K) \cup \{0\}$，其中 $\sigma_p(K) = \{\lambda_n \mid n \geqslant 1\}$，$e_n (n \geqslant 1)$ 为 K 的对应特征值 λ_n 的特征向量.

事实上，可分的无限维 Hilbert 空间上任何一个自伴紧算子均可表示成这样的形式. 下面我们将给出紧算子的一般表示形式.

定理 4.3.1 设 H 是一个复的 Hilbert 空间，$A \in B(H)$ 是一个自伴算子，则

(1) $\sigma(A) \subset \mathbf{R}$;

(2) 属于不同特征值的特征向量是正交的，即若 $\lambda, \mu \in \sigma_p(A)$，

$$N(A - \lambda I) \perp N(A - \mu I);$$

(3) $\| A \| = \sup\{ |(Ax, x)| \mid x \in H, \| x \| = 1\}$;

(4) 当 A 是紧自伴算子时，$\| A \|$ 或 $-\| A \|$ 属于 $\sigma_p(A)$.

证明 (1) 设 $\lambda = a - \mathrm{i}b$，$a, b \in \mathbf{R}$. 若 $b \neq 0$，则对任意 $x \in H$，

$$\begin{aligned} \| (A - \lambda I)x \|^2 &= \| (A - aI)x + \mathrm{i}bx \|^2 \\ &= ((A - aI)x, (A - aI)x) + ((A - aI)x, \mathrm{i}bx) \\ &\quad + (\mathrm{i}bx, (A - aI)x) + (\mathrm{i}bx, \mathrm{i}bx) \\ &= \| (A - aI)x \|^2 + b^2 \| x \|^2 \geqslant b^2 \| x \|^2. \end{aligned}$$

注意 $A - aI$ 是自伴算子. 由定理 4.2.4 中(3) 的证明，上式表明 $R(A - \lambda I)$ 是闭的，且 $N(A - \lambda I) = \{\theta\}$. 又由逆算子定理可知 $A - \lambda I$ 是可逆的，即 $\lambda \notin \sigma(A)$. 所以

$$\sigma(A) \subset \mathbf{R}.$$

(2) 取 $\lambda, \mu \in \sigma_p(A)$，$\lambda \neq \mu$. 由(1) 可知 $\lambda, \mu \in \mathbf{R}$. 对任意的 $x \in N(A - \lambda I)$，$y \in N(A - \mu I)$，由

$$\lambda(x, y) = (\lambda x, y) = (Ax, y) = (x, Ay) = (x, \mu y) = \mu(x, y),$$

可得 $(x, y) = 0$，即 $x \perp y$，从而 $N(A - \lambda I) \perp N(A - \mu I)$.

(3) 令 $M = \sup\{ |(Ax, x)| \mid x \in H, \| x \| = 1\}$. 对任意 $x \in H$，$\| x \| = 1$，由

$$|(Ax, x)| \leqslant \| Ax \| \| x \| \leqslant \| A \|,$$

可知 $M \leqslant \| A \|$.

又对 $x, y \in H$ 使 $\| x \| = \| y \| = 1$，由 $A^* = A$，

$$\begin{aligned}(A(x\pm y),x\pm y)&=(Ax,x)\pm(Ax,y)\pm(Ay,x)+(Ay,y)\\&=(Ax,x)\pm(Ax,y)\pm\overline{(Ax,y)}+(Ay,y)\\&=(Ax,x)\pm 2\mathrm{Re}(Ax,y)+(Ay,y),\end{aligned}$$

于是

$$4\mathrm{Re}(Ax,y)=(A(x+y),x+y)-(A(x-y),x-y),$$

从而

$$\begin{aligned}4\mathrm{Re}(Ax,y)&\leqslant M\|x+y\|^2+M\|x-y\|^2\\&=2M(\|x\|^2+\|y\|^2)=4M,\end{aligned}$$

可得 $\mathrm{Re}(Ax,y)\leqslant M$. 取复数$\lambda$使 $|\lambda|=1$,有$\lambda(Ax,y)=|(Ax,y)|$. 令 $x'=\lambda x$,则 $\|x'\|=1$,且

$$|(Ax,y)|=\lambda(Ax,y)=(Ax',y)=\mathrm{Re}(Ax',y)\leqslant M.$$

对任意单位向量x,当$Ax\neq\theta$时,取 $y=Ax/\|Ax\|$,代入上式可得 $\|Ax\|\leqslant M$,再由 x 的任意性得 $\|A\|\leqslant M$.

这样就证明了

$$\|A\|=M=\sup\{|(Ax,x)|\mid x\in H,\|x\|=1\}.$$

(4) 若 $A=0$,则结论显然成立. 设 $A\neq 0$,记

$$\lambda=\inf\{(Ax,x)\mid\|x\|=1\},\quad \mu=\sup\{(Ax,x)\mid\|x\|=1\}.$$

由(3)可知 $\|A\|=-\lambda$ 或μ,不妨设$\mu=\|A\|$. 对 $n\geqslant 1$,取 $x_n\in H$, $\|x_n\|=1$,使$(Ax_n,x_n)\to\|A\|\,(n\to\infty)$,于是

$$\begin{aligned}\|(A-\mu I)x_n\|^2&=((A-\mu I)x_n,(A-\mu I)x_n)\\&=\|Ax_n\|^2-2\mu(Ax_n,x_n)+\mu^2\\&\leqslant 2\|A\|^2-2\|A\|(Ax_n,x_n)\to 0,\quad n\to\infty,\end{aligned}$$

即有$\lim\limits_{n\to\infty}(A-\mu I)x_n=\theta$. 由 A 是紧算子,存在收敛子列$\{x_{nk}\}$使得$\{Ax_{nk}\}$收敛,从而由

$$x_{nk}=\frac{1}{\mu}[(\mu I-A)x_{nk}+Ax_{nk}]$$

知$\{x_{nk}\}$也收敛. 记$\lim\limits_{k\to\infty}x_{nk}=x_0$,则有 $\|x_0\|=1$, $(A-\mu I)x_0=\theta$. 所以

$$\mu=\|A\|\in\sigma_p(A).$$ □

推论 4.3.2　设 A 是 Hilbert 空间 H 上任意自伴紧算子,则

$$\sup_{x\in H,x\neq\theta}\frac{|(Ax,x)|}{\|x\|^2}=\frac{|(Ax_0,x_0)|}{\|x_0\|^2}=|\lambda_0|,$$

其中,λ_0 是 A 绝对值最大的特征值,x_0 是对应的一个特征向量.

定理 4.3.3　设 K 是无限维 Hilbert 空间 H 上一个自伴紧算子,则存在 H 的一个规范正交系$\{e_n\}_{n=1}^{\infty}$ 使得

$$K=\sum_{n=1}^{\infty}\lambda_n e_n\otimes e_n.$$

其中,$\lambda_n \in \sigma_p(K) \subset \mathbf{R}$ 使 $|\lambda_1| \geqslant |\lambda_2| \geqslant \cdots$,且 $\lim\limits_{n\to\infty}\lambda_n = 0$,$e_n$ 为 K 对应特征值 λ_n 的单位特征向量.

证明 若 $K = 0$,则取 $\{e_n \mid n \geqslant 1\}$ 为 H 的任一规范正交基,$\lambda_n = 0, n \geqslant 1$,结论显然成立. 不妨设 $K \neq 0$. 由定理 4.3.1,

$$\|K\| \in \sigma_p(K) \quad 或 \quad -\|K\| \in \sigma_p(K),$$

记 $\lambda_1 \in \sigma_p(K)$ 使 $|\lambda_1| = \|K\|$,并取 e_1 为 λ_1 对应的一个单位特征向量. 将 H 分解为 $H = \text{span}\{e_1\} \oplus H_1$. 对于任意的 $x \in H_1$,则

$$x \perp e_1, \quad (Kx, e_1) = (x, Ke_1) = (x, \lambda_1 e_1) = \lambda_1(x, e_1) = 0,$$

即 $KH_1 \perp e_1$. 于是 $KH_1 \subset H_1$. 令 $K_1: H_1 \to H_1$ 使 $K_1 x = Kx, x \in H_1$. 显然 K_1 是 $B(H_1)$ 中一个紧自伴算子. 对任意 $x = ce_1 \oplus x_1 \in \text{span}\{e_1\} \oplus H_1 = H$,

$$\begin{aligned} Kx &= cKe_1 + Kx_1 = \lambda_1 ce_1 \oplus K_1 x_1 \\ &= (\lambda_1 e_1 \otimes e_1 + K_1)(ce_1 + x_1) = (\lambda_1 e_1 \otimes e_1 + K_1)x, \end{aligned}$$

所以 $K = \lambda_1 e_1 \otimes e_1 + K_1$.

若 $K_1 = 0$,则 H_1 的任意正交基 $\{e_n \mid n \geqslant 2\}$ 构成 K_1 的特征值 $\lambda_2 = \lambda_3 = \cdots = 0$ 对应的单位特征向量,结论成立. 设 $K_1 \neq 0$. 同理,取 $\lambda_2 \in \sigma_p(K_1)$ 使 $|\lambda_2| = \|K_1\|$. 取 $e_2 \in H_1$, $\|e_2\| = 1$ 使 $K_1 e_2 = \lambda_2 e_2$. 于是

$$K_1 e_2 = Ke_2 = \lambda_2 e_2,$$

所以 $\lambda_2 \in \sigma_p(K)$. 取 $H_2 = \text{span}\{e_1, e_2\}^\perp$,则

$$H = \text{span}\{e_1\} \oplus \text{span}\{e_2\} \oplus H_2, \quad K_1 H_2 \subset H_2.$$

令 $K_2: H_2 \to H_2$ 使 $K_2 x = K_1 x = Kx, x \in H_2$,则 K_2 是 $B(H_2)$ 中一个紧自伴算子使得

$$K = \lambda_1 e_1 \otimes e_1 + \lambda_2 e_2 \otimes e_2 + K_2.$$

归纳地做下去,可知存在 K 的非零特征值 $\{\lambda_n \mid n \geqslant 1\}$ 使得 $|\lambda_1| \geqslant |\lambda_2| \geqslant \cdots$ 及对应单位特征向量 $e_1, e_2, \cdots$,使得

$$Kx = \sum_{n=1}^{\infty} \lambda_n (e_n \otimes e_n) x, \quad x \in \text{span}\{e_n \mid n \geqslant 1\},$$

所以 $K = \sum\limits_{n=1}^{\infty} \lambda_n e_n \otimes e_n$,其中,$\lambda_n \in \sigma_p(K) \subset \mathbf{R}$,$e_n (n = 1, 2, \cdots)$ 为 K 对应特征值 λ_n 的单位特征向量. 由定理 4.2.4,可知 $\lim\limits_{n\to\infty}\lambda_n = 0$. □

注:当 K 是正的紧算子时,则由上述证明过程,

$$K = \sum_{n=1}^{\infty} \lambda_n e_n \otimes e_n,$$

其中,$\lambda_1 \geqslant \lambda_2 \geqslant \cdots > 0$,$\{e_n\}_{n=1}^{\infty}$ 是 H 的由 K 的特征值构成的规范正交系(可扩充成一个规范正交基).

定理 4.3.4 设 $K \in B(H)$ 是一个紧算子,则存在 H 的两个规范正交系 $\{e_n\}_{n=1}^{\infty}$, $\{f_n\}_{n=1}^{\infty}$ 以及非负实数 $\lambda_1 \geqslant \lambda_2 \geqslant \cdots$,使得

$$K = \sum_{n=1}^{\infty} \lambda_n f_n \otimes e_n, \tag{4.3.1}$$

即

$$Kx = \sum_{n=1}^{\infty} \lambda_n (x, e_n) f_n, \quad \text{对任意的 } x \in H.$$

证明 因 $K^* K$ 是紧的正算子，由定理 4.3.3，$K^* K$ 可以表示为

$$K^* K = \sum_{n=1}^{\infty} \mu_n e_n \otimes e_n, \quad \text{其中 } \mu_1 \geqslant \mu_2 \geqslant \cdots \geqslant 0,\ \lim_{n\to\infty} \mu_n = 0,$$

$\{e_n\}_{n=1}^{\infty}$ 是由 $K^* K$ 的特征向量构成的规范正交系. 对 $\mu_n > 0$，记

$$\lambda_n = \sqrt{\mu_n}, \quad f_n = Ke_n / \lambda_n,$$

则容易验证$\{f_n\}$构成 H 的一个规范正交系. 于是对任意 $x = \sum_{n=1}^{\infty} (x, e_n) e_n$，有

$$Kx = \sum_{n=1}^{\infty} (x, e_n) Ke_n = \sum_{n=1}^{\infty} \lambda_n (x, e_n) f_n = \left(\sum_{n=1}^{\infty} \lambda_n f_n \otimes e_n\right) x,$$

且 $\lambda_1 \geqslant \lambda_2 \geqslant \cdots \geqslant 0, \lim_{n\to\infty} \lambda_n = 0$. □

注：式(4.3.1)可以看成是矩阵奇异值分解的推广.

例 4.3.1 设 $k(s,t)$ 是 $L^2[a,b] \times [a,b]$ 中一个函数，

$$(Kx)(t) = \int_a^b k(s,t) x(s) \mathrm{d}s, \quad x(t) \in L^2[a,b].$$

(1) K 是自伴的紧算子当且仅当 $k(s,t)$ 是实函数，且 $k(s,t) = k(t,s)$；

(2) K 是正的紧算子当且仅当 $k(s,t)$ 是实函数，且

$$k(s,t) = k(t,s) \geqslant 0, \quad \text{对 } s,t \in [a,b].$$

由例 3.6.2 可知结论是显然的.

例 4.3.2 考虑第一类 Fredholm 方程 $Kx = y$，其中 K 是 Hilbert 空间 H 上的一个紧自伴算子. 设 K 的非零特征值$\{\lambda_n\}_{n=1}^{\infty}$和特征向量$\{\varphi_n\}_{n=1}^{\infty}$使

$$K = \sum_{n=1}^{\infty} \lambda_n \varphi_n \otimes \varphi_n.$$

证明：(1) $Kx = y$ 解唯一的必要条件是 $N(K) = \{\theta\}$；

(2) $Kx = y$ 有解的充要条件是

$$\sum_{n=1}^{\infty} \frac{|(y, \varphi_n)|^2}{|\lambda_n|^2} < \infty \quad \text{且} \quad P_{N(K)} y = \theta,$$

并且解为 $x = \sum_{n=1}^{\infty} \frac{(y, \varphi_n)}{\lambda_n} \varphi_n + x_0$，其中 $Kx_0 = \theta$.

证明 (1) 显然.

(2) 由于 $R(K) = \overline{\mathrm{span}\{\varphi_n \mid n \geqslant 1\}}$，可将向量 y 分解为

$$y = \sum_{n=1}^{\infty} (y, \varphi_n) \varphi_n + y_0, \quad y_0 \text{ 是 } y \text{ 在 } \overline{R(K)}^{\perp} = N(K^*) \text{ 中的正交投影},$$

则方程 $Kx = y$ 可写成

$$\sum_{n=1}^{\infty} \lambda_n (x, \varphi_n) \varphi_n = \sum_{n=1}^{\infty} (y, \varphi_n) \varphi_n + y_0.$$

比较两端可知 $Kx = y$ 有解的前提是 $y_0 = \theta$,即

$$y \in \overline{R(K)} = N(K)^{\perp} \quad \text{及} \quad \lambda_n(x,\varphi_n) = (y,\varphi_n),\ n \geqslant 1.$$

由

$$(x,\varphi_n) = (y,\varphi_n)/\lambda_n, \quad n = 1,2,\cdots,$$

可得

$$x = \sum_{n=1}^{\infty} \frac{(y,\varphi_n)}{\lambda_n}\varphi_n + x_0, \quad \text{其中 } x_0 \text{ 是 } N(K) \text{ 中任一向量.}$$

又因为

$$\| x \|^2 = \sum_{n=1}^{\infty} \frac{|(y,\varphi_n)|^2}{|\lambda_n|^2} + \| x_0 \|^2 < \infty,$$

所以 $\sum\limits_{n=1}^{\infty} \dfrac{|(y,\varphi_n)|^2}{|\lambda_n|^2} < \infty$.

4.4 Karhunen-Loeve 变换和长椭球波函数

4.4.1 离散 Karhunen-Loeve 变换

已知 $x = (x_1, x_2, \cdots, x_n)^{\mathrm{T}} \in \mathbf{C}^n$ 是一随机向量,其均方差矩阵为

$$\Sigma_x = E(x\bar{x}^{\mathrm{T}}) - E(x)E(\bar{x}^{\mathrm{T}}).$$

设 $A = (a_{ij})$ 是一个 n 阶可逆矩阵,令 $c = Ax$,则 $x = A^{-1}c$,而

$$\begin{aligned}\Sigma_c &= E(c\bar{c}^{\mathrm{T}}) - E(c)E(\bar{c}^{\mathrm{T}}) \\ &= E(Ax\bar{x}^{\mathrm{T}}\bar{A}^{\mathrm{T}}) - AE(x)E(\bar{x}^{\mathrm{T}})\bar{A}^{\mathrm{T}} \\ &= A[E(x\bar{x}^{\mathrm{T}}) - E(x)E(\bar{x}^{\mathrm{T}})]\bar{A}^{\mathrm{T}} \\ &= A\Sigma_x\bar{A}^{\mathrm{T}}.\end{aligned}$$

由于 Σ_x 是一个非负定矩阵,所以它有 n 个线性无关的特征向量. 设 Σ_x 的 n 个单位特征向量为 $u_1, u_2, \cdots, u_n$,对应的特征值为 $\lambda_1, \lambda_2, \cdots, \lambda_n$ 满足 $\lambda_1 \geqslant \lambda_2 \geqslant \cdots \geqslant \lambda_n \geqslant 0$. 记 $U = (u_1, u_2, \cdots, u_n)$, $D = \mathrm{diag}(\lambda_1, \lambda_2, \cdots, \lambda_n)$ 是主对角线元素分别为 $\lambda_1, \lambda_2, \cdots, \lambda_n$ 的对角矩阵,则 $\Sigma_x = UDU^*$. 于是当 $A = U^*$ 时,$\Sigma_c = D$. 这样,$c = U^*x$ 是不相关随机变量所成的向量,变换 $c = U^*x$ 称为 x 的离散 Karhunen-Loeve(K-L) 变换. 随机向量 x 可表示成不相关随机向量的线性组合,即 $x = \sum\limits_{i=1}^{n} c_i u_i$.

离散 K-L 变换也被用于主成分分析(Principal Component Analysis),可对向量进行最优维数压缩.

4.4.2 连续 K-L 变换

在一些实际问题中,待处理的函数常可表示为

$$x(t)=s(t)+n(t),$$

其中,$s(t)$ 是某个确定的函数;$n(t)$ 是零均值平稳随机噪声,它的自相关函数记为 $R(\tau)$. 设 $s(t)\in L^2[0,T]$,$\{f_n \mid n\geqslant 1\}$ 是 $L^2[0,T]$ 的一个规范正交基,则

$$s(t)=E[x(t)],\quad x(t)-s(t)=n(t)=\sum_{n=1}^{\infty}c_n f_n(t),$$

$$c_n=\int_0^T[x(t)-s(t)]\overline{f_n(t)}\mathrm{d}t,$$

这样,$x(t)$ 就完全由均值 $s(t)$ 和离散随机向量$\{c_n \mid n\geqslant 1\}$ 决定. 又

$$E(c_n)=\int_0^T E[x(t)-s(t)]\overline{f_n(t)}\mathrm{d}t=0,$$

$$\begin{aligned}E[(c_n-E(c_n))(\bar{c}_m-\overline{E(c_m)})]&=E\Big\{\Big[\int_0^T(s(t)+n(t))\overline{f_n(t)}\mathrm{d}t-\int_0^T s(t)\overline{f_n(t)}\mathrm{d}t\Big]\\&\quad\cdot\Big[\int_0^T(\overline{s(t)}+\overline{n(t)})f_m(t)\mathrm{d}t-\int_0^T\overline{s(t)}f_m(t)\mathrm{d}t\Big]\Big\}\\&=E\Big[\int_0^T\int_0^T f_m(t)\overline{f_n(u)}n(t)\overline{n(u)}\mathrm{d}t\mathrm{d}u\Big]\\&=\int_0^T\int_0^T f_m(t)\overline{f_n(u)}E[n(t)\overline{n(u)}]\mathrm{d}t\mathrm{d}u\\&=\int_0^T\int_0^T f_m(t)\overline{f_n(u)}R(t-u)\mathrm{d}t\mathrm{d}u,\end{aligned}$$

当 R 是连续函数时,由例 4.3.1,$R(t-u)$ 对应的积分算子是紧正算子. 由定理 4.3.3,可选择特征向量组成规范正交基$\{e_n(t) \mid n\geqslant 1\}$,特征值记为$\{\lambda_n \mid n\geqslant 1\}$,使 $\lambda_1\geqslant\lambda_2\geqslant\cdots\geqslant 0$,有

$$\int_0^T R(t-u)e_n(u)\mathrm{d}u=\lambda_n e_n(t),\quad n\geqslant 1,$$

$$\sigma^2=E\Big[\int_0^T|n(t)|^2\mathrm{d}t\Big]=\sum_{n=1}^{\infty}\lambda_n.$$

令 $f_n(t)=e_n(t)$,$n\geqslant 1$,则 $x(t)=s(t)+\sum_{n=1}^{\infty}c_n e_n(t)$,$\{c_n \mid n\geqslant 1\}$ 成为互不相关的随机变量列,且

$$E[(c_n-E(c_n))(\bar{c}_m-\overline{E(c_m)})]=\lambda_n\delta(m-n),\quad n,m\geqslant 1.$$

对任意 $N\geqslant 1$,记 $x_N(t)=s(t)+\sum_{n=1}^{N}c_n e_n(t)$,则

$$\begin{aligned}\varepsilon&=E\Big[\int_0^T|x(t)-x_N(t)|^2\mathrm{d}t\Big]=E\Big[\int_0^T\Big|\sum_{n=N+1}^{\infty}c_n e_n(t)\Big|^2\mathrm{d}t\Big]\\&=\sum_{n=N+1}^{\infty}E|c_n|^2=\sum_{n=N+1}^{\infty}\lambda_n.\end{aligned}$$

因此,采用$\{e_n(t) \mid n\geqslant 1\}$ 可使 $x_N(t)$ 逼近 $x(t)$ 时所含噪声成份最小. 将连续随机

过程按上述规范正交基展开得到不相关随机向量列的过程称为连续 K-L 变换.

4.4.3　长椭球波函数

20 世纪后期,D. Slepian 和 H. O. Pollak 首先提出了长椭球波函数(Prolate Spheroidal Wave Function,即 PSWF)以解决有限带宽函数在局部时域上能量最大化集中的问题(参见[20]). 该函数被人们做了大量的研究并应用于许多问题.

信号 f 的能量在时间区间$[-T/2,T/2]$上的集中度表示为

$$\alpha^2(T)=\frac{\int_{-T/2}^{T/2}|f(t)|^2\mathrm{d}t}{\int_{-\infty}^{\infty}|f(t)|^2\mathrm{d}t},\quad T>0,$$

即信号$f(t)$在区间$[-T/2,T/2]$内能量对总能量的占比. D. Slepian考虑的问题是求在带有限条件 $\hat{f}(\omega)=0,|\omega|>\Omega$ 下极大化$\alpha^2(T)$ 的信号 f. 令

$$L_\Omega^2(\mathbf{R})=\{f(t)\in L^2(\mathbf{R})\mid \hat{f}(\omega)=0,|\omega|>\Omega\},$$

则由 Fourier 变换的性质,对任意 $f(t)\in L_\Omega^2(\mathbf{R})$,有

$$f(t)=\frac{1}{2\pi}\int_{-\Omega}^{\Omega}\hat{f}(\omega)\mathrm{e}^{\mathrm{i}\omega t}\mathrm{d}\omega=\int_{-\infty}^{\infty}\rho_\Omega(t-u)f(u)\mathrm{d}u,\quad 其中\rho_\Omega(t)=\frac{\sin\Omega t}{\pi t},$$

$$\begin{aligned}\int_{-T/2}^{T/2}|f(t)|^2\mathrm{d}t&=\frac{1}{4\pi^2}\int_{-T/2}^{T/2}\int_{-\Omega}^{\Omega}\int_{-\Omega}^{\Omega}\hat{f}(\omega)\overline{\hat{f}(u)}\mathrm{e}^{\mathrm{i}(\omega-u)t}\mathrm{d}\omega\mathrm{d}u\mathrm{d}t\\&=\frac{1}{4\pi^2}\int_{-\Omega}^{\Omega}\int_{-\Omega}^{\Omega}\hat{f}(\omega)\overline{\hat{f}(u)}\mathrm{d}u\mathrm{d}\omega\int_{-T/2}^{T/2}\mathrm{e}^{\mathrm{i}(\omega-u)t}\mathrm{d}t\\&=\frac{1}{2\pi}\int_{-\Omega}^{\Omega}\int_{-\Omega}^{\Omega}\frac{\sin\frac{T}{2}(u-\omega)}{\pi(u-\omega)}\hat{f}(\omega)\overline{\hat{f}(u)}\mathrm{d}u\mathrm{d}\omega,\end{aligned}$$

$$\begin{aligned}\alpha^2(T)&=\frac{\int_{-\Omega}^{\Omega}\int_{-\Omega}^{\Omega}\frac{\sin\frac{T}{2}(u-v)}{\pi(u-v)}\hat{f}(u)\overline{\hat{f}(v)}\mathrm{d}u\mathrm{d}v}{\int_{-\Omega}^{\Omega}|\hat{f}(u)|^2\mathrm{d}u}\\&\xlongequal[v'=v/\Omega]{u'=u/\Omega}\frac{\int_{-1}^{1}\int_{-1}^{1}\frac{\sin\frac{T\Omega}{2}(u'-v')}{\pi(u'-v')}\hat{f}(\Omega u')\overline{\hat{f}(\Omega v')}\mathrm{d}u'\mathrm{d}v'}{\int_{-1}^{1}|\hat{f}(\Omega u')|^2\mathrm{d}u'}.\end{aligned}$$

定义算子 $K:L^2[-\Omega,\Omega]\to L^2[-\Omega,\Omega]$ 为

$$Kf(u)=\int_{-\Omega}^{\Omega}\frac{\sin\frac{T}{2}(u-v)}{\pi(u-v)}f(v)\mathrm{d}v,\quad f\in L^2[-\Omega,\Omega],$$

由例4.3.1可知K是一个紧的正算子. 根据定理4.3.3,K存在特征值$\lambda_0\geqslant\lambda_1\geqslant\cdots>0$及规范特征向量 $\psi_0(t),\psi_1(t),\cdots$ 使得 $\lambda_n\hat{\psi}_n=K\hat{\psi}_n,n\geqslant 0$. 而当 $\hat{f}(u)=\psi_0(u)$ 时,

$\alpha^2(T)$ 达到最大值 λ_0. 利用时频对偶性，使 $\alpha^2(T)$ 极大化的函数 $f(t)$ 可由

$$\lambda\psi(t)=\int_{-T/2}^{T/2}\rho_\Omega(t-s)\psi(s)\mathrm{d}s,\quad t\in(-T/2,T/2)$$

的最大特征值对应的特征函数得到. 因为$\rho_\Omega(t)=\dfrac{\sin\Omega t}{\pi t}$，令 $c=\dfrac{T\Omega}{2}$，$\rho_c(t)=\dfrac{\sin ct}{\pi t}$，上面的方程化为

$$\lambda\psi(t)=\int_{-1}^{1}\rho_c(t-s)\psi(s)\mathrm{d}s,\quad \psi(t)\in L^2[-1,1]. \tag{4.4.1}$$

利用紧自伴算子谱性质，存在特征值$\{\lambda_n\mid n\geqslant 0\}$及对应的特征函数系$\{\psi_n(t)\mid n\geqslant 0\}$满足

$$\lambda_n\psi_n(t)=\int_{-1}^{1}\rho_c(t-s)\psi_n(s)\mathrm{d}s,\quad n\geqslant 0;\ \lambda_0>\lambda_1>\cdots>0.$$

$\{\psi_n(t)\mid n\geqslant 0\}$ 构成了 $L^2[-1,1]$ 的正交基. $\{\psi_n(t)\mid n\geqslant 0\}$ 即为长椭球波函数.

图 4.1 给出长椭球波函数一种形象的表示. 长椭球波函数具有如下性质：

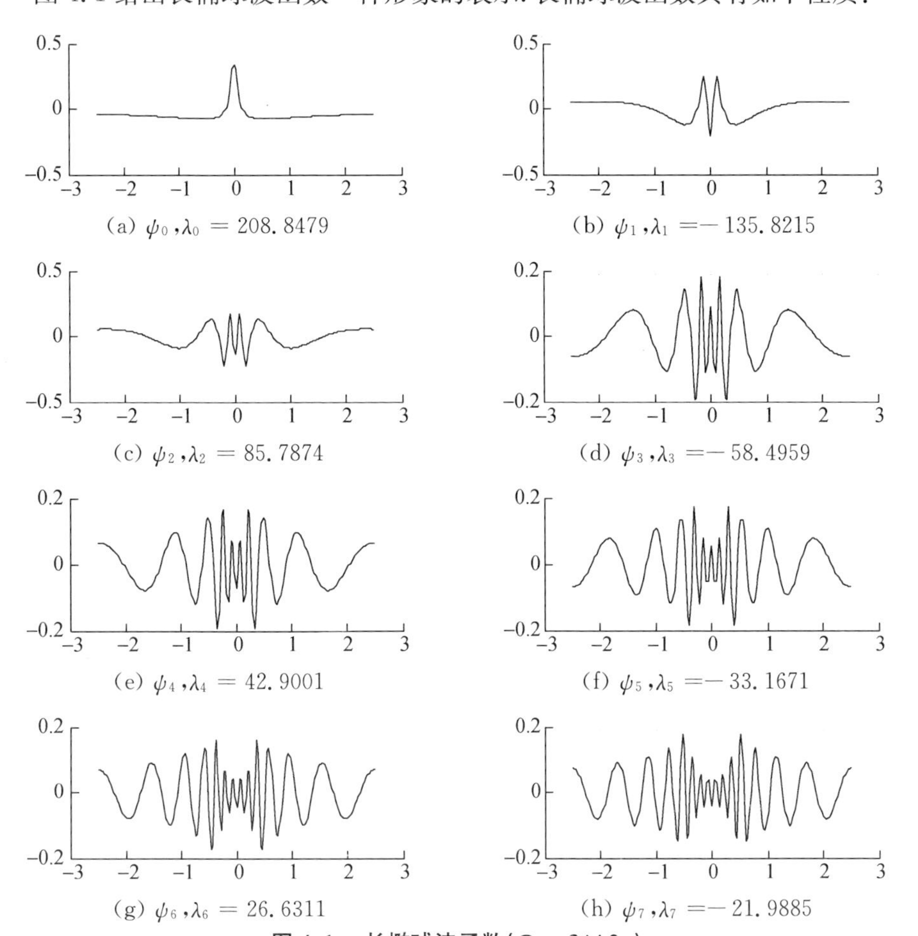

(a) $\psi_0,\lambda_0=208.8479$

(b) $\psi_1,\lambda_1=-135.8215$

(c) $\psi_2,\lambda_2=85.7874$

(d) $\psi_3,\lambda_3=-58.4959$

(e) $\psi_4,\lambda_4=42.9001$

(f) $\psi_5,\lambda_5=-33.1671$

(g) $\psi_6,\lambda_6=26.6311$

(h) $\psi_7,\lambda_7=-21.9885$

图 4.1 长椭球波函数($\boldsymbol{\Omega=3\times 2\pi}$)

(1) $\{\psi_k(t) \mid k \geqslant 0\}$ 是 $L^2[-1,1]$ 的完全正交函数系;

(2) 偶数指标的 ψ_i 是偶函数,奇数指标的 ψ_i 是奇函数;

(3) K 的所有特征值都是单的,即不同 ψ_i 对应不同的特征值;

(4) ψ_i 构成 Chebyshev 系统;

(5) ψ_i 在$[-1,1]$内仅有 i 个零点.

对长椭球波函数的性质,也可以通过积分算子方法研究. 如引入算子

$$F_c: L^2[-1,1] \to L^2[-1,1],$$

$$F_c f(u) = \int_{-1}^{1} e^{icut} f(t)\,dt.$$

F_c 是一个紧算子,且 $F_c^* f(u) = \int_{-1}^{1} e^{-icut} f(t)\,dt$. 而

$$F_c^* F_c f(u) = F_c F_c^* f(u) = \frac{2\pi}{c}\int_{-1}^{1} \frac{\operatorname{sinc}(u-t)}{\pi(u-t)} f(t)\,dt,$$

即 $F_c^* F_c = F_c F_c^* = \frac{2\pi}{c} K, \Omega = c$. 显然 $F_c K = K F_c$,这样 F_c 的特征向量也是 K 的特征向量. 算子 F_c 的特征值分别记为 $\lambda_0, \lambda_1, \cdots, \lambda_n, \cdots$ 且

$$|\lambda_0| \geqslant |\lambda_1| \geqslant \cdots \geqslant |\lambda_n| \geqslant \cdots.$$

λ_k 对应的单位特征向量记为 ψ_k,即

$$\lambda_k \psi_k(u) = \int_{-1}^{1} e^{icut} \psi_k(t)\,dt.$$

可以看出,ψ_k 具有整个复平面的解析延拓,因此,一个特征值对应的单位特征向量只能是唯一的,即特征值都是单的.

长椭球波函数系$\{\psi_i(t) \mid i \geqslant 0\}$被广泛应用于信号处理和通信中,但长椭球波函数没有简单的解析表达式,通常进行近似表示. 如将方程

$$\lambda \psi(t) = \int_{-T/2}^{T/2} \frac{\sin\Omega(t-s)}{\pi(t-s)} \psi(s)\,ds$$

进行离散化成矩阵的特征向量(参见[19]).

习题 4

1. 设 X 为一个 Banach 空间,$A \in B(X)$,若存在正整数 N 使 $A^N = 0$,则称 A 是幂零算子. 证明:幂零算子 A 的谱 $\sigma(A) = \{0\}$.

2. 设 $A \in B(l^2)$ 使

$$Ax = \left(\xi_1, \frac{1}{2}\xi_2, \cdots, \frac{1}{n}\xi_n, \cdots\right), \quad x = (\xi_1, \xi_2, \cdots) \in l^2,$$

证明 A 是紧算子,并求 $\sigma_p(A)$.

3. 设 T 是 Hilbert 空间 H 上的一个紧自伴算子,求证:T 至少有一个特征值.

4. 设算子 $A:L^2[-1,1]\to L^2[-1,1]$ 定义为

$$Ax(t)=\chi_{[0,1]}(t)x(t),\quad x(t)\in L^2[-1,1],$$

求 A 的特征值和特征向量.

5. 设 A 是 Hilbert 空间 H 上的一个有界可逆线性算子,证明:

$$\sigma(A^{-1})=\{\lambda^{-1}\mid\lambda\in\sigma(A)\}.$$

6. 设 K 是复 Hilbert 空间 H 上的一个紧算子,证明:对任意复数 $\mu\neq0$,$R(\mu I-K)$ 是闭子空间.

7. 设 $\varphi_1,\varphi_2,\cdots,\varphi_n,\psi_1,\psi_2,\cdots,\psi_n\in L^2[a,b]$,其中 $a<b$. 令

$$k(s,t)=\sum_{i=1}^{n}\varphi_i(s)\overline{\psi_i(t)}\quad 满足\quad k(s,t)=\overline{k(t,s)}.$$

(1) 定义算子 $K:L^2[a,b]\to L^2[a,b]$,$(Kx)(t)=\int_a^b k(t,s)x(s)\mathrm{d}s$,证明:$K$ 是有限秩自共轭算子;

(2) 确定 K 的特征值及特征向量.

5　非线性映射的微分与变分基础

非线性映射,特别是非线性泛函的极值问题是物理学和工程中常见的问题.对于非线性泛函和非线性映射,类似于经典微积分可以引入导数与微分的概念,通过微分或导数可有效地分析非线性极值问题.

5.1　非线性映射的导数与微分

定义于区域 D 上的二元函数 $f(x,y)$ 看成是 $\mathbf{R}^2$ 的区域 D 到 $\mathbf{R}$ 的一个映射,当它在点 $x_0=(\xi_1^{(0)},\xi_2^{(0)})^{\mathrm{T}}\in D$ 处可微时,存在常数 α_{x_0},β_{x_0} 使

$$\begin{aligned}f(x_0+h)-f(x_0)&=f(\xi_1^{(0)}+\eta_1,\xi_2^{(0)}+\eta_2)-f(\xi_1^{(0)},\xi_2^{(0)})\\&=\alpha_{x_0}\eta_1+\beta_{x_0}\eta_2+o(\sqrt{\eta_1^2+\eta_2^2})\\&=\begin{bmatrix}\alpha_{x_0}\\\beta_{x_0}\end{bmatrix}^{\mathrm{T}}\begin{bmatrix}\eta_1\\\eta_2\end{bmatrix}+o(\sqrt{\eta_1^2+\eta_2^2})\\&=[\mathrm{grad}f(x_0)]^{\mathrm{T}}h+o(\|h\|),\end{aligned}$$

这里 $h=(\eta_1,\eta_2)^{\mathrm{T}}\in\mathbf{R}^2$.函数 f 的梯度 $\mathrm{grad}f(x_0)$ 对应 $\mathbf{R}^2$ 上的一个线性泛函

$$\mathrm{grad}f(x_0):x\to[\mathrm{grad}f(x_0)]^{\mathrm{T}}x,\quad x\in\mathbf{R}^2,$$

那么函数 f 在点 x_0 处的微分就是线性泛函形式 $[\mathrm{grad}f(x_0)]^{\mathrm{T}}h$,而 $o(\|h\|)$ 是函数改变量的高阶无穷小.

对于定义在一个 Banach 空间 X 的非线性泛函 $J:X\to\mathbf{R}$,类似于多元函数,人们试图将它在向量 x_0 处的增量 $J(x_0+h)-J(x_0)$ 分解为线性泛函形式 $f_{x_0}(h)$ 和高阶无穷小部分 $o(h)$ 的和,$f_{x_0}(h)$ 视为泛函 J 的微分,$o(h)$ 是 X 上的一个高阶无穷小非线性泛函.类比一元函数的导数,将线性泛函 f_{x_0} 视为非线性泛函 J 在 x_0 处的**导数**,线性泛函形式 $f_{x_0}(h)$ 为非线性泛函 J 在 x_0 处的**微分**.

一般地,对 Banach 空间 X 到 Banach 空间 Y 的非线性映射 $\Phi:X\to Y$,如果将它在一点 $x_0\in X$ 处的增量 $\Phi(x_0+h)-\Phi(x_0)$ 表示成线性部分 $A_{x_0}h$(微分)和非线性部分 $o(x_0,h)$ 的和,则线性算子 A_{x_0} 可视为 Φ 在 x_0 处的**导数**.

定义 5.1.1(Fréchet 导数)　设 $\Phi:D\subset X\to Y$ 是定义在 Banach 空间 X 的一个区域 D 到 Banach 空间 Y 的一个映射,对于 $x_0\in D$ 和向量 $h\in X$ 使 $x_0+h\in D$,考察映射的改变量 $\Phi(x_0+h)-\Phi(x_0)$.若存在**有界**线性算子 $A_{x_0}:X\to Y$ 使得

$$\Phi(x_0+h)-\Phi(x_0)=A_{x_0}h+o(x_0,h),$$

其中,$o(x_0,h)\in Y$ 且 $\lim\limits_{h\to\theta}\|o(x_0,h)\|/\|h\|=0$,则称非线性映射 Φ 在 x_0 处 F(Fréchet) 可微,A_{x_0} 为映射Φ在x_0处的 **F 导数**,记为 $\Phi'(x_0)$,线性形式 $A_{x_0}h$ 称为 Φ 在 x_0 处的 **F 微分**,记为 $\mathrm{d}\Phi=\Phi'(x_0)h$.

Fréchet 微分是多元函数全微分概念的推广,有限维空间映射的导数由多元映射的 Jacobi 矩阵表示,多元函数的 Fréchet 导数就是函数的梯度.

例 5.1.1 设 $A=(a_{nm})$ 是一个 $N\times N$ 实矩阵,且

$$\Phi_1(x)=Ax,\quad \Phi_2(x)=\|Ax\|^2=x^{\mathrm{T}}A^{\mathrm{T}}Ax,\quad x\in\mathbf{R}^N,$$

求 Φ_1,Φ_2 的 F 微分和导数.

解 任取 $x\in\mathbf{R}^N$,对任意 $h\in\mathbf{R}^N$,有

$$\Phi_1(x+h)-\Phi_1(x)=A(x+h)-Ax=Ah,$$

$$\begin{aligned}\Phi_2(x+h)-\Phi_2(x)&=(x+h)^{\mathrm{T}}A^{\mathrm{T}}A(x+h)-x^{\mathrm{T}}A^{\mathrm{T}}Ax\\&=x^{\mathrm{T}}A^{\mathrm{T}}Ah+h^{\mathrm{T}}A^{\mathrm{T}}Ax+h^{\mathrm{T}}A^{\mathrm{T}}Ah\\&=2x^{\mathrm{T}}A^{\mathrm{T}}Ah+h^{\mathrm{T}}A^{\mathrm{T}}Ah,\end{aligned}$$

且

$$\|h^{\mathrm{T}}A^{\mathrm{T}}Ah\|/\|h\|\leqslant\|A\|^2\|h\|^2/\|h\|=\|A\|^2\|h\|\to0,\quad h\to\theta.$$

由定义,Φ_1,Φ_2 在任意向量 x 处均 F 可微,并且

$$\mathrm{d}\Phi_1=\Phi'_1(x)h=Ah,\quad \mathrm{d}\Phi_2=\Phi'_2(x)h=2x^{\mathrm{T}}A^{\mathrm{T}}Ah,$$

$$\Phi'_1(x)=A,\quad \Phi'_2(x)=2x^{\mathrm{T}}A^{\mathrm{T}}A.$$

例 5.1.2 定义 $\Phi:\mathbf{R}^3\to\mathbf{R}^2$ 为

$$\Phi(x)=((x_1+x_2+x_3)^2,x_1x_2+x_2x_3+x_1x_3)^{\mathrm{T}},$$

对任意的 $x=(x_1,x_2,x_3)^{\mathrm{T}}\in\mathbf{R}^3$. 求 Φ 在任意一点 $x_0=(x_1^{(0)},x_2^{(0)},x_3^{(0)})^{\mathrm{T}}\in\mathbf{R}^3$ 处的 F 微分与导数.

解 任意取 $h=(h_1,h_2,h_3)^{\mathrm{T}}\in\mathbf{R}^3$,有

$$\begin{aligned}&\Phi(x_0+h)-\Phi(x_0)\\&=[(x_1^{(0)}+h_1+x_2^{(0)}+h_2+x_3^{(0)}+h_3)^2-(x_1^{(0)}+x_2^{(0)}+x_3^{(0)})^2,\\&\quad(x_1^{(0)}+h_1)(x_2^{(0)}+h_2)+(x_1^{(0)}+h_1)(x_3^{(0)}+h_3)\\&\qquad+(x_2^{(0)}+h_2)(x_3^{(0)}+h_3)-x_1^{(0)}x_2^{(0)}-x_1^{(0)}x_3^{(0)}-x_2^{(0)}x_3^{(0)}]^{\mathrm{T}}\\&=\begin{bmatrix}(h_1+h_2+h_3)(2x_1^{(0)}+h_1+2x_2^{(0)}+h_2+2x_3^{(0)}+h_3)\\h_1x_2^{(0)}+h_2x_1^{(0)}+h_1h_2+h_1x_3^{(0)}+h_3x_1^{(0)}+h_1h_3+h_2x_3^{(0)}+h_3x_2^{(0)}+h_2h_3\end{bmatrix}\\&=\begin{bmatrix}2(h_1+h_2+h_3)(x_1^{(0)}+x_2^{(0)}+x_3^{(0)})\\h_1x_2^{(0)}+h_2x_1^{(0)}+h_1x_3^{(0)}+h_3x_1^{(0)}+h_2x_3^{(0)}+h_3x_2^{(0)}\end{bmatrix}+\begin{bmatrix}(h_1+h_2+h_3)^2\\h_1h_2+h_1h_3+h_2h_3\end{bmatrix}\\&=\begin{bmatrix}2(x_1^{(0)}+x_2^{(0)}+x_3^{(0)})&2(x_1^{(0)}+x_2^{(0)}+x_3^{(0)})&2(x_1^{(0)}+x_2^{(0)}+x_3^{(0)})\\x_2^{(0)}+x_3^{(0)}&x_1^{(0)}+x_3^{(0)}&x_1^{(0)}+x_2^{(0)}\end{bmatrix}\begin{bmatrix}h_1\\h_2\\h_3\end{bmatrix}\end{aligned}$$

$$+\begin{bmatrix}(h_1+h_2+h_3)^2\\ h_1h_2+h_1h_3+h_2h_3\end{bmatrix},$$

而

$$\frac{\|((h_1+h_2+h_3)^2,h_1h_2+h_1h_3+h_2h_3)^{\mathrm{T}}\|^2}{\|(h_1,h_2,h_3)^{\mathrm{T}}\|^2}\to 0\quad(\|h\|\to 0),$$

由定义,有

$$\mathrm{d}\Phi=\Phi'(x_0)h,\quad \Phi'(x_0)=A_{x_0},$$

其中

$$A_{x_0}=\begin{bmatrix}2(x_1^{(0)}+x_2^{(0)}+x_3^{(0)}) & 2(x_1^{(0)}+x_2^{(0)}+x_3^{(0)}) & 2(x_1^{(0)}+x_2^{(0)}+x_3^{(0)})\\ x_2^{(0)}+x_3^{(0)} & x_1^{(0)}+x_3^{(0)} & x_1^{(0)}+x_2^{(0)}\end{bmatrix}.$$

例 5.1.3 设泛函

$$J(x)=\int_a^b F(t,x,x')\mathrm{d}t,\quad x(t)\in C^2[a,b],$$

这里 F 具有连续偏导数,$C^2[a,b]$ 表示在区间$[a,b]$上有一阶连续导数的函数空间,并赋予范数:$\|x\|=\|x\|_\infty+\|x'\|_\infty$.求这个泛函的 F 微分.

解 显然,$C^2[a,b]$ 是一个 Banach 空间.对于任意的 $h(t)\in C^2[a,b]$,有

$$\begin{aligned}J(x+h)-J(x)&=\int_a^b F(t,x(t)+h(t),x'(t)+h'(t))\mathrm{d}t\\&\quad-\int_a^b F(t,x(t),x'(t))\mathrm{d}t\\&=\int_a^b[F_x(t,x(t),x'(t))h(t)+F_{x'}(t,x(t),x'(t))h'(t)]\mathrm{d}t\\&\quad+\int_a^b o(x(t),x'(t),h(t),h'(t))\mathrm{d}t,\end{aligned}$$

其中 $o(x(t),x'(t),h(t),h'(t))$ 是一个函数,满足

$$o(x(t),x'(t),h(t),h'(t))/\|h\|\to 0\quad(\|h\|\to 0),$$

所以

$$\mathrm{d}J=J'(x)(h)=\int_a^b[F_x(t,x(t),x'(t))h(t)+F_{x'}(t,x(t),x'(t))h'(t)]\mathrm{d}t.$$

除了 Fréchet 导数(微分)外,类似多元函数的方向导数,人们还引出一种较弱的 Gāteaux 导数(微分).

定义 5.1.2(Gâteaux 导数) 设 $\Phi:D\subset X\to Y$ 是由 Banach 空间 X 的区域 D 到 Banach 空间 Y 的一个非线性映射,$x_0\in D$.若对于一个 $\delta>0$ 和任意 $h\in X$,$|t|<\delta$,有 $x_0+th\in D$,且

$$\lim_{t\to 0}\frac{\Phi(x_0+th)-\Phi(x_0)}{t}=\Phi'(x_0,h),$$

即

$$\frac{\mathrm{d}}{\mathrm{d}t}\Phi(x_0+th)\Big|_{t=0}=\Phi'(x_0,h),$$

则称 Φ 在 x_0 处沿 h 是 Gāteaux 可微分的. 进而,若对任意的 $h\in X,\Phi'(x_0,h)$ 可表示成线性形式 $\Phi'_g(x_0)h,\Phi'_g(x_0)\in B(X,Y)$,则称 Φ 在 x_0 处是 Gāteaux **可微分**的(简称 G 可微的),它在 x_0 处的 Gāteaux 微分记为 $\Phi'_g(x_0)h$,有界线性算子 $\Phi'_g(x_0)$ 称为 Φ 在 x_0 处的 **Gāteaux 导数**(简称 G 导数).

G 微分可以像一元函数在 0 处求导一样计算,即

$$\Phi'_g(x_0)h=\frac{\mathrm{d}}{\mathrm{d}t}\Phi(x_0+th)\Big|_{t=0}.$$

例 5.1.4 设 H 是一个 Hilbert 空间,$f(x)=\|x\|$,求 f 的 G 微分.

解 对任意 $x\neq\theta,t\in\mathbf{R}$,有

$$\begin{aligned}\frac{\|x+th\|-\|x\|}{t}&=\frac{\|x+th\|^2-\|x\|^2}{t(\|x+th\|+\|x\|)}\\&=\frac{t(x,h)+t(h,x)+t^2\|h\|^2}{t(\|x+th\|+\|x\|)}\to\frac{\mathrm{Re}(x,h)}{\|x\|}\quad(t\to 0),\end{aligned}$$

所以,当 $x\neq\theta$ 时,$f'_g(x)h=\mathrm{Re}(x/\|x\|,h)$. 但 f 在 $x=\theta$ 是 G 不可微的.

例 5.1.5 设二次泛函 $f(x)=x^{\mathrm{T}}Ax+p^{\mathrm{T}}x+c$,其中 $x,p\in\mathbf{R}^n,c\in\mathbf{R},A$ 是 n 阶实对称阵,求 f 的 G 导数.

解 对任意 $h\in\mathbf{R}^n,t\in\mathbf{R}$,有

$$\begin{aligned}f(x+th)&=(x+th)^{\mathrm{T}}A(x+th)+p^{\mathrm{T}}(x+th)+c\\&=x^{\mathrm{T}}Ax+2tx^{\mathrm{T}}Ah+t^2h^{\mathrm{T}}Ah+p^{\mathrm{T}}x+tp^{\mathrm{T}}h+c,\end{aligned}$$

所以 $\dfrac{\mathrm{d}f(x+th)}{\mathrm{d}t}\Big|_{t=0}=2x^{\mathrm{T}}Ah+p^{\mathrm{T}}h$,则

$$f'_g(x)=2x^{\mathrm{T}}A+p^{\mathrm{T}}.$$

定理 5.1.1 设 $\Phi:D\subset X\to Y$ 是由 Banach 空间 X 的区域 D 到 Banach 空间 Y 的一个非线性映射,若 Φ 是 F 可微的,则 Φ 是 G 可微的,且两种微分和导数均存在;反之不成立.

证明 设 Φ 在 $x_0\in D$ 是 F 可微的. 取 $h\in X$ 使

$$\Phi(x_0+h)-\Phi(x_0)=\Phi'(x_0)h+o(x_0,h),$$

其中

$$o(x_0,h)/\|h\|\to 0\quad(h\to\theta).$$

于是,对于 $t\in\mathbf{R}$,选择 $\delta>0$ 使当 $|t|<\delta$ 时 $x_0+th\in D$,则

$$\Phi(x_0+th)-\Phi(x_0)=t\Phi'(x_0)h+o(x_0,th),$$

所以

$$\begin{aligned}\left\|\frac{\Phi(x_0+th)-\Phi(x_0)}{t}-\Phi'(x_0)h\right\|&=\left\|\frac{o(x_0,th)}{t}\right\|\\&=\frac{\|o(x_0,th)\|}{\|th\|}\|h\|\to 0\quad(t\to 0),\end{aligned}$$

即有

$$\lim_{t\to 0}\frac{\Phi(x_0+th)-\Phi(x_0)}{t}=\Phi'(x_0)h.$$

由定义,Φ 在 x_0 处 G 可微,并且 G 导数等于 F 导数.

G 可微而非 F 可微的映射,可由方向导数存在但不可微多元函数来说明. □

由上述定理可知,F 可微分映射的 F 微分可由它的 G 微分来求,而 G 微分可化为普通函数的导数来求. 一般情况下,我们对两种导数的记法不作区分.

定理 5.1.2(中值定理) 设 D 是 Banach 空间 X 的一个区域,$f:D\subset X\to\mathbf{R}$ 是一个 F 可微泛函. 对任意 $x_0,x_1\in D$,

$$[x_0,x_1]=\{\lambda x_0+(1-\lambda)x_1\mid \lambda\in[0,1]\}\subset D,$$

则存在 $\xi\in(x_0,x_1)$ 使得

$$f(x_1)-f(x_0)=f'(\xi)(x_1-x_0).$$

证明 令 $\varphi(t)=f(x_0+t(x_1-x_0)),t\in[0,1]$. 由 f 可微,φ 在 $(0,1)$ 内是连续可微的,且 $\varphi'(t)=f'(x_0+t(x_1-x_0))(x_1-x_0)$. 由 Lagrange 中值定理,有

$$\varphi(1)-\varphi(0)=f(x_1)-f(x_0)=f'(x_0+\eta(x_1-x_0))(x_1-x_0),\quad \eta\in(0,1),$$

令 $\xi=x_0+\eta(x_1-x_0)$ 即得结论. □

定理 5.1.3(极值必要条件) 设 D 是 Banach 空间 X 的一个区域,$f:D\subset X\to\mathbf{R}$ 是一个 G 可微泛函,若 $x_0\in D$ 是 f 的一个极值点,则 f 在 x_0 处的 G 导数等于零,即 $f'(x_0)=0$.

证明 对任意 $x\in X$,取 $\delta>0$ 使当 $|t|<\delta$ 时 $x_0+tx\in D$. 显然,一元函数 $\Phi(t)=f(x_0+tx)$ 在 $t=0$ 时取极值,所以

$$\Phi'(0)=\frac{\mathrm{d}}{\mathrm{d}t}f(x_0+tx)\Big|_{t=0}=f'(x_0)x=0,$$

由 x 的任意性,$f'(x_0)=0$. □

定理 5.1.4 设 Ω 是 Banach 空间 X 中的一个非空闭凸集,f 是定义在 Ω 上的一个非线性泛函. 若 f 在 $x_0\in\partial\Omega$(Ω 的边界) 处 G 可微,则 f 在 x_0 处取极小值的必要条件是对任意 $x\in\Omega$,$f'(x_0)(x-x_0)\geqslant 0$.

证明 根据 Ω 是凸集,对任意 $x\in\Omega$ 及 $0<\alpha<1$,有

$$\alpha x+(1-\alpha)x_0=x_0+\alpha(x-x_0)\in\Omega.$$

由于 f 在 x_0 处取极小值,所以

$$\lim_{\alpha\to 0^+}\frac{f(x_0+\alpha(x-x_0))-f(x_0)}{\alpha}=f'(x_0)(x-x_0)\geqslant 0.$$ □

5.2 矩阵微分

多元函数通常可以表示成向量或矩阵的函数,利用函数的梯度可以简洁地表示函数的微分和导数.

5.2.1　实值函数的梯度

对于实函数 $y=y(X),X=(x_1,x_2,\cdots,x_n)^{\mathrm{T}}\in\mathbf{R}^n$，$y$ 的梯度为

$$\nabla_X y=\left(\frac{\partial y}{\partial x_1},\frac{\partial y}{\partial x_2},\cdots,\frac{\partial y}{\partial x_n}\right)^{\mathrm{T}},$$

而 $\mathrm{d}y=(\nabla_X y)^{\mathrm{T}}\mathrm{d}X$；对于实函数 $y=y(X),X=(x_{ij})\in\mathbf{R}^{n\times m}$，$y$ 的梯度为

$$\nabla_X y=\begin{bmatrix}\frac{\partial y}{\partial x_{11}} & \frac{\partial y}{\partial x_{12}} & \cdots & \frac{\partial y}{\partial x_{1m}}\\ \frac{\partial y}{\partial x_{21}} & \frac{\partial y}{\partial x_{22}} & \cdots & \frac{\partial y}{\partial x_{2m}}\\ \vdots & \vdots & & \vdots\\ \frac{\partial y}{\partial x_{n1}} & \frac{\partial y}{\partial x_{n2}} & \cdots & \frac{\partial y}{\partial x_{nm}}\end{bmatrix},$$

而 $\mathrm{d}y=\sum\limits_{k=1}^{n}\sum\limits_{l=1}^{m}\frac{\partial y}{\partial x_{kl}}\mathrm{d}x_{kl}=\mathrm{tr}((\nabla_X y)^{\mathrm{T}}\mathrm{d}X)$.

命题 5.2.1　设 $y=y(X)(X\in\mathbf{R}^{n\times m})$ 是矩阵标量可微函数，则

(1) 对 $m=1$，$\mathrm{d}y=A\mathrm{d}X$ 当且仅当 $\nabla_X y=A^{\mathrm{T}}$；

(2) 对 $m>1$，$\mathrm{d}y=\mathrm{tr}(A\mathrm{d}X)$ 当且仅当 $\nabla_X y=A^{\mathrm{T}}$.

证明参见[16].

例 5.2.1　对于 n 阶实矩阵 A，令 $f(X)=\mathrm{tr}(AX)$，其中 $X=(x_{ij})\in\mathbf{R}^{n\times n}$. 由

$$\mathrm{tr}(AX)=\sum_{k=1}^{n}\sum_{s=1}^{n}a_{ks}x_{sk},\quad \mathrm{d}f=\mathrm{tr}(A\mathrm{d}X),$$

f 的梯度为

$$\nabla_X f=\begin{pmatrix}\frac{\partial f}{\partial x_{11}} & \frac{\partial f}{\partial x_{12}} & \cdots & \frac{\partial f}{\partial x_{1n}}\\ \frac{\partial f}{\partial x_{21}} & \frac{\partial f}{\partial x_{22}} & \cdots & \frac{\partial f}{\partial x_{2n}}\\ \vdots & \vdots & & \vdots\\ \frac{\partial f}{\partial x_{n1}} & \frac{\partial f}{\partial x_{n2}} & \cdots & \frac{\partial f}{\partial x_{nn}}\end{pmatrix}=A^{\mathrm{T}}.$$

特别地，当 $f(X)=\mathrm{tr}(X)$ 时，则 $\nabla_X f=I_n$；对于

$$X=(x_1,x_2,\cdots,x_n)^{\mathrm{T}},\ Y=(y_1,y_2,\cdots,y_n)^{\mathrm{T}}\in\mathbf{R}^n,$$

若 $f=\mathrm{tr}(XY^{\mathrm{T}})=\sum\limits_{k=1}^{n}x_k y_k$，则 $\nabla_X f=Y$.

例 5.2.2　设 X 是可逆的 $n\times n$ 矩阵，$y=\det(X)=|X|$. 记矩阵 $X=(x_{ij})$ 的伴随矩阵为 $\tilde{x}=(X_{ij})$，且

$$\tilde{x}^{\mathrm{T}}X=|X|I_n,\quad \tilde{x}^{\mathrm{T}}=|X|X^{-1}.$$

对任意 $k=1,2,\cdots,n$, $|X|=\sum_{l=1}^{n}x_{kl}X_{kl}$,于是

$$\mathrm{d}|X|=\sum_{k,l=1}^{n}\frac{\partial|X|}{\partial x_{kl}}\mathrm{d}x_{kl}=\sum_{k,l=1}^{n}X_{kl}\mathrm{d}x_{kl}=\mathrm{tr}(\tilde{x}\mathrm{d}X)=|X|\,\mathrm{tr}(X^{-1}\mathrm{d}X),$$

$$\nabla_X(|X|)=(X_{kl})^{\mathrm{T}}=\tilde{x}^{\mathrm{T}}=|X|\,(X^{-1})^{\mathrm{T}}.$$

例 5.2.3 设 A 是一个 n 阶实矩阵,若

$$f(X)=X^{\mathrm{T}}AX,\quad g(X)=X^{\mathrm{T}}X,\quad \text{其中 } X\in\mathbf{R}^n,$$

则

$$\nabla_X f(X)=\nabla_X(X^{\mathrm{T}}AX)=AX+A^{\mathrm{T}}X,\quad \nabla_X g(X)=\nabla_X(X^{\mathrm{T}}X)=2X.$$

5.2.2 向量值函数的微分与梯度

设 $X=(x_1,x_2,\cdots,x_n)^{\mathrm{T}}\in\mathbf{R}^n$, $y_i(i=1,2,\cdots,m)$ 是 $x_1,x_2,\cdots,x_n$ 的实可微函数.记 $Y=(y_1,y_2,\cdots,y_m)^{\mathrm{T}}=f(X)$,由 F 导数的定义,有

$$\frac{\mathrm{d}Y}{\mathrm{d}x_k}=Y'_{x_k}=\left(\frac{\partial y_1}{\partial x_k},\frac{\partial y_2}{\partial x_k},\cdots,\frac{\partial y_m}{\partial x_k}\right)^{\mathrm{T}},$$

$$\frac{\mathrm{d}y_l}{\mathrm{d}X}=y'_{lX}=\left(\frac{\partial y_l}{\partial x_1},\frac{\partial y_l}{\partial x_2},\cdots,\frac{\partial y_l}{\partial x_n}\right),$$

$$\frac{\mathrm{d}Y}{\mathrm{d}X}=Y'_X=\left(\frac{\mathrm{d}Y}{\mathrm{d}x_1},\frac{\mathrm{d}Y}{\mathrm{d}x_2},\cdots,\frac{\mathrm{d}Y}{\mathrm{d}x_n}\right)=\begin{bmatrix}\frac{\mathrm{d}y_1}{\mathrm{d}X}\\ \frac{\mathrm{d}y_2}{\mathrm{d}X}\\ \vdots\\ \frac{\mathrm{d}y_m}{\mathrm{d}X}\end{bmatrix}=\begin{bmatrix}\frac{\partial y_1}{\partial x_1} & \frac{\partial y_1}{\partial x_2} & \cdots & \frac{\partial y_1}{\partial x_n}\\ \frac{\partial y_2}{\partial x_1} & \frac{\partial y_2}{\partial x_2} & \cdots & \frac{\partial y_2}{\partial x_n}\\ \vdots & \vdots & & \vdots\\ \frac{\partial y_m}{\partial x_1} & \frac{\partial y_m}{\partial x_2} & \cdots & \frac{\partial y_m}{\partial x_n}\end{bmatrix},$$

y_l 的梯度为

$$\nabla_X y_l=\left(\frac{\partial y_l}{\partial x_1},\frac{\partial y_l}{\partial x_2},\cdots,\frac{\partial y_l}{\partial x_n}\right)^{\mathrm{T}},\quad 1\leqslant l\leqslant m,$$

Y 的梯度为

$$\nabla_X Y=\left(\frac{\mathrm{d}Y}{\mathrm{d}x_1},\frac{\mathrm{d}Y}{\mathrm{d}x_2},\cdots,\frac{\mathrm{d}Y}{\mathrm{d}x_n}\right)^{\mathrm{T}}=\left(\frac{\mathrm{d}y_1}{\mathrm{d}X},\frac{\mathrm{d}y_2}{\mathrm{d}X},\cdots,\frac{\mathrm{d}y_m}{\mathrm{d}X}\right)=\left(\frac{\mathrm{d}Y}{\mathrm{d}X}\right)^{\mathrm{T}}.$$

例 5.2.4 设 $x=r\sin\theta\cos\psi$, $y=r\sin\theta\sin\psi$, $z=r\cos\theta$,其中 $r>0$, $0\leqslant\theta<\pi$,且 $0\leqslant\psi<2\pi$.记 $S=(r,\theta,\psi)^{\mathrm{T}}$, $T=(x,y,z)^{\mathrm{T}}$,则

$$\frac{\mathrm{d}T}{\mathrm{d}S}=T'_S=\begin{bmatrix}\sin\theta\cos\psi & r\cos\theta\cos\psi & -r\sin\theta\sin\psi\\ \sin\theta\sin\psi & r\cos\theta\sin\psi & r\sin\theta\cos\psi\\ \cos\theta & -r\sin\theta & 0\end{bmatrix},$$

$$\nabla_S T = (T'_S)^{\mathrm{T}}.$$

例 5.2.5 设 $X=(x_1,x_2,\cdots,x_n)^{\mathrm{T}}\in\mathbf{R}^n$，$A=(a_{ij})\in\mathbf{R}^{n\times n}$，$Y=AX$，则

$$\nabla_X Y = A^{\mathrm{T}}.$$

连锁规则 设

$$X=(x_1,x_2,\cdots,x_n)^{\mathrm{T}},\quad Y=(y_1,y_2,\cdots,y_k)^{\mathrm{T}},\quad Z=(z_1,z_2,\cdots,z_m)^{\mathrm{T}},$$

其中 Z 是 Y 的向量值函数，Y 是 X 的向量值函数，则

$$\frac{\mathrm{d}Z}{\mathrm{d}X}=Z'_X=\begin{bmatrix}\dfrac{\partial z_1}{\partial x_1} & \dfrac{\partial z_1}{\partial x_2} & \cdots & \dfrac{\partial z_1}{\partial x_n}\\ \dfrac{\partial z_2}{\partial x_1} & \dfrac{\partial z_2}{\partial x_2} & \cdots & \dfrac{\partial z_2}{\partial x_n}\\ \vdots & \vdots & & \vdots\\ \dfrac{\partial z_m}{\partial x_1} & \dfrac{\partial z_m}{\partial x_2} & \cdots & \dfrac{\partial z_m}{\partial x_n}\end{bmatrix},$$

$$\frac{\mathrm{d}Y}{\mathrm{d}X}=Y'_X=\begin{bmatrix}\dfrac{\partial y_1}{\partial x_1} & \dfrac{\partial y_1}{\partial x_2} & \cdots & \dfrac{\partial y_1}{\partial x_n}\\ \dfrac{\partial y_2}{\partial x_1} & \dfrac{\partial y_2}{\partial x_2} & \cdots & \dfrac{\partial y_2}{\partial x_n}\\ \vdots & \vdots & & \vdots\\ \dfrac{\partial y_k}{\partial x_1} & \dfrac{\partial y_k}{\partial x_2} & \cdots & \dfrac{\partial y_k}{\partial x_n}\end{bmatrix},$$

$$\frac{\mathrm{d}Z}{\mathrm{d}Y}=Z'_Y=\begin{bmatrix}\dfrac{\partial z_1}{\partial y_1} & \dfrac{\partial z_1}{\partial y_2} & \cdots & \dfrac{\partial z_1}{\partial y_k}\\ \dfrac{\partial z_2}{\partial y_1} & \dfrac{\partial z_2}{\partial y_2} & \cdots & \dfrac{\partial z_2}{\partial y_k}\\ \vdots & \vdots & & \vdots\\ \dfrac{\partial z_m}{\partial y_1} & \dfrac{\partial z_m}{\partial y_2} & \cdots & \dfrac{\partial z_m}{\partial y_k}\end{bmatrix},$$

$$\frac{\partial z_i}{\partial x_j}=\sum_{l=1}^{k}\frac{\partial z_i}{\partial y_l}\frac{\partial y_l}{\partial x_j}=\left(\frac{\partial z_i}{\partial y_1},\frac{\partial z_i}{\partial y_2},\cdots,\frac{\partial z_i}{\partial y_k}\right)\begin{bmatrix}\dfrac{\partial y_1}{\partial x_j}\\ \dfrac{\partial y_2}{\partial x_j}\\ \vdots\\ \dfrac{\partial y_k}{\partial x_j}\end{bmatrix},$$

因此

$$\frac{\mathrm{d}Z}{\mathrm{d}X}=\frac{\mathrm{d}Z}{\mathrm{d}Y}\frac{\mathrm{d}Y}{\mathrm{d}X},\quad \nabla_X Z=\nabla_X Y\,\nabla_Y Z.$$

注:若 $X,Y\in\mathbf{R}^{n\times n}$,记 X 的微分为

$$\mathrm{d}X=\begin{pmatrix}\mathrm{d}x_{11} & \mathrm{d}x_{12} & \cdots & \mathrm{d}x_{1n}\\ \mathrm{d}x_{21} & \mathrm{d}x_{22} & \cdots & \mathrm{d}x_{2n}\\ \vdots & \vdots & & \vdots\\ \mathrm{d}x_{n1} & \mathrm{d}x_{n2} & \cdots & \mathrm{d}x_{nn}\end{pmatrix},$$

则 $\mathrm{d}(\alpha X)=\alpha\mathrm{d}X(\alpha\in\mathbf{R})$,$\mathrm{d}(XY)=(\mathrm{d}X)Y+X(\mathrm{d}Y)$. 当 X 是非奇异的矩阵时,

$$\mathrm{d}(X^{-1}X)=\mathrm{d}(X^{-1})X+X^{-1}\mathrm{d}X=0,$$

从而 $\mathrm{d}X^{-1}=-X^{-1}(\mathrm{d}X)X^{-1}$.

5.3 变分法

变分法(Calculus of Variation)是17世纪创立的一个数学分支,其主要内容是研究非线性泛函极值的方法.本节给出变分法的基本知识.

5.3.1 变分的概念

1) 最速降线问题

1630年,伽利略提出一个分析学的基本问题:"一个质点在重力作用下,从一个给定点到不在它垂直下方的另一点,如果不计摩擦力,问沿着什么曲线滑下所需时间最短?"伽利略花了8年时间研究该问题,可惜得出了一个错误的结果.1696年6月,瑞士数学家Johann Bernoulli用了两个星期的时间,终于找到了真正的最速曲线.

设一质量为 m 的质点在重力的作用下,从定点 A 沿曲线 $y=y(x)$ 下滑动到定点 B,试确定该曲线使质点使用的时间最短(见图5.1).我们假定质点在 A 点的初速度 $v_0\neq 0$,且点 A,B 不在同一铅直线上,不考虑阻力.

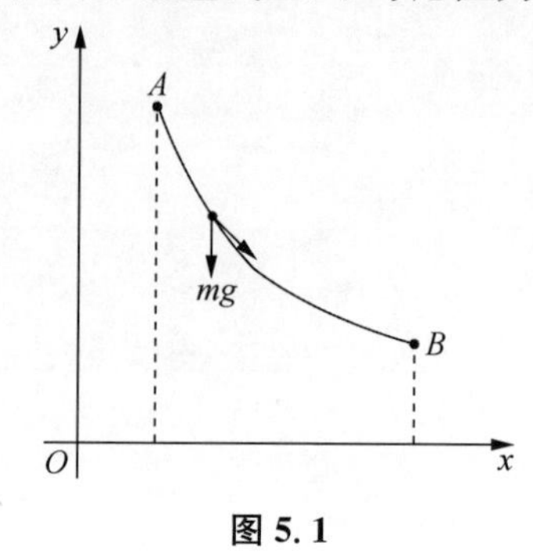

图5.1

设A,B的坐标分别为$(x_A,y_A),(x_B,y_B)$，由已知，$y_A=y(x_A)$，$y_B=y(x_B)$，且曲线是光滑的. 记质点在任意一点$(x,y(x))$处的速度为v. 由能量守恒定律，有

$$\frac{1}{2}m(v^2-v_0^2)=mg(y-y_A),$$

解之得$v=\sqrt{2g(y-a)}$，其中$a=y_A-\dfrac{v_0^2}{2g}$，g为重力加速度.

记曲线上从点A到点$P(x,y)$的弧长为s，则$v=\mathrm{d}s/\mathrm{d}t$. 而$\mathrm{d}s=\sqrt{1+(y')^2}\,\mathrm{d}x$，于是

$$\mathrm{d}t=\frac{\sqrt{1+(y')^2}\,\mathrm{d}x}{\sqrt{2g(y-a)}},$$

两端积分得

$$T=\int_0^T\mathrm{d}t=\frac{1}{\sqrt{2g}}\int_{x_A}^{x_B}\frac{\sqrt{1+(y')^2}}{\sqrt{y-a}}\mathrm{d}x.$$

由此可以看出，质点下降所用的时间是所沿轨迹曲线(函数)的泛函，最速降线问题实际上要求该泛函的极小值点. 最速降线问题的解决已应用于过山车设计、竞技体育等方面，另外，等周问题、极小面问题等经典问题都是泛函极值问题，信道的容量实际也可化归为泛函的极值.

对于任意的实数$t_0,t_1\in\mathbf{R}$，$t_0<t_1$，$C^n[t_0,t_1]$表示在$[t_0,t_1]$上连续且在该区间内$n-1$阶连续可导的函数空间. 类似地，对于高维空间的闭区域G，$C^n(G)$表示在G上连续且在G内有$n-1$阶连续偏导数的函数空间.

对于$f\in C^n(G)$，定义范数

$$\|f\|=\max\{\|f\|_\infty,\|f'\|_\infty,\cdots,\|f^{(n-1)}\|_\infty\},$$

可以验证$C^n(G)$是一个 Banach 空间.

2) 泛函的极值

设$J:C^n(G)\to\mathbf{R}$是一个连续泛函，$x_0(t)\in C^n(G)$. 若对于任意的

$$x(t)\in N(x_0,\delta)=\{x(t)\in C^n(G)\mid\|x-x_0\|<\delta\},$$

有

$$J(x_0)\leqslant J(x),$$

则称$x_0(t)$是泛函J的一个极小值点. 类似地定义J的极大值点. 极大值与极小值统称为泛函J的极值.

引理 5.3.1(变分引理) 设函数$x(t)\in C(t_0,t_1)$，对任意函数$\eta(t)\in C(t_0,t_1)$，$\eta(t_0)=\eta(t_1)=0$，有$\int_{t_0}^{t_1}x(t)\eta(t)\mathrm{d}t=0$，则

$$x(t)\equiv 0,\quad t\in(t_0,t_1).$$

证明 用反证法. 假设存在$t'\in(t_0,t_1)$使$x(t')\neq 0$. 不妨设$x(t')>0$. 由

$x(t)$ 的连续性,存在 $\delta > 0$ 使得 $x(t) > 0$, $|t-t'| < \delta$. 定义

$$\eta(t) = \begin{cases} (t-t'-\delta)^2(t-t'+\delta)^2, & t'-\delta < t < t'+\delta, \\ 0, & t \in [t_0, t_1], \ |t-t'| \geqslant \delta, \end{cases}$$

则 $\eta(t) \in C(t_0, t_1)$ 且 $\eta(t_0) = \eta(t_1) = 0$. 但

$$\int_{t_0}^{t_1} x(t)\eta(t)\mathrm{d}t = \int_{t'-\delta}^{t'+\delta} x(t)\eta(t)\mathrm{d}t > 0,$$

这与假设矛盾,所以结论成立. □

类似地可以证明:对 $x(t) \in C^n(G)$,若 $\int_G x(t)\eta(t)\mathrm{d}t = 0$ 对任意满足 $\eta|_{\partial D} = 0$ 的 $\eta(t) \in C^n(G)$ 成立,则 $x(t) = 0, t \in G$. 变分引理在简化泛函极值条件中起着关键的作用.

3) 泛函的变分

首先,我们引入函数变分的概念. 对于任意的 $x(t), x_1(t) \in C^n(G)$,称 $\Delta x = x(t) - x_1(t)$ 为函数增量,无限小函数增量记为 δx,称为函数变分,可理解为 $C^n(G)$ 中的无限小函数.

考虑如下形式的泛函

$$J(x) = \int_{t_0}^{t_1} F(t, x, x', x'', \cdots, x^{(m-1)})\mathrm{d}t$$

的变分,这里 F 是一个 m 元可微函数.

定义 5.3.1 对于 x 的一个变分 δx,我们将泛函 J 的 G 微分

$$\lim_{\alpha \to 0} \frac{J(x+\alpha\delta x) - J(x)}{\alpha}$$

称为 J 的**一阶变分**,记为 $\delta J(x, \delta x)$,即有

$$\delta J(x, \delta x) = \left.\frac{\mathrm{d}J(x+\alpha\delta x)}{\mathrm{d}\alpha}\right|_{\alpha=0}.$$

类似高阶导数定义,泛函 J 的 **k 阶变分**为

$$\delta^k J(x, \delta x) = \left.\frac{\mathrm{d}^k J(x+\alpha\delta x)}{\mathrm{d}\alpha^k}\right|_{\alpha=0}.$$

特别地,对泛函 $J(x) = \int_{t_0}^{t_1} F(t, x, x', x'', \cdots, x^{(m-1)})\mathrm{d}t$,当函数 F 可微时,

$$\begin{aligned} \delta J(x, \delta x) &= \left.\frac{\mathrm{d}J(x+\alpha\delta x)}{\mathrm{d}\alpha}\right|_{\alpha=0} \\ &= \left.\frac{\mathrm{d}}{\mathrm{d}\alpha}\int_{t_0}^{t_1} F(t, x+\alpha\delta x, x'+\alpha\delta x', \cdots, x^{(m-1)}+\alpha\delta x^{(m-1)})\mathrm{d}t\right|_{\alpha=0} \\ &= \int_{t_0}^{t_1} [F_x\delta x + F_{x'}\delta x' + \cdots + F_{x^{(m-1)}}\delta x^{(m-1)}]\mathrm{d}t, \end{aligned}$$

并记

$$\delta F(x,\delta x) = F_x \delta x + F_{x'} \delta x' + \cdots + F_{x^{(m-1)}} \delta x^{(m-1)}.$$

例 5.3.1　求 $T = \frac{1}{\sqrt{2g}} \int_{x_A}^{x_B} \frac{\sqrt{1+(y')^2}}{\sqrt{y-a}} \mathrm{d}x$ 的一阶变分.

解　因为 $F(x,y,y') = \frac{1}{\sqrt{2g}} \frac{\sqrt{1+(y')^2}}{\sqrt{y-a}}$,所以

$$\delta F(y,\delta y) = \frac{1}{2\sqrt{2g}} \frac{-\sqrt{1+(y')^2}\delta y}{(y-a)^{3/2}} + \frac{1}{\sqrt{2g}} \frac{y'\delta y'}{\sqrt{(y-a)(1+(y')^2)}},$$

则

$$\delta T(y,\delta y) = \frac{1}{\sqrt{2g}} \int_{x_A}^{x_B} \left[\frac{-\sqrt{1+(y')^2}\delta y}{2(y-a)^{3/2}} + \frac{y'\delta y'}{\sqrt{(y-a)(1+(y')^2)}} \right] \mathrm{d}x.$$

例 5.3.2　设泛函

$$J(x) = \frac{1}{2} \int_{t_0}^{t_1} [P(t)x^2 + 2Q(t)xx' + R(t)(x')^2] \mathrm{d}t,$$

试求 $\delta J(x,\delta x)$,$\delta^2 J(x,\delta x)$,其中

$$P(t),Q(t),R(t) \in C^1[t_0,t_1], \quad x(t) \in C^2[t_0,t_1].$$

解　令

$$F(t,x,x') = \frac{1}{2}[Px^2 + 2Qxx' + R(x')^2],$$

所以

$$\delta F(x,\delta x) = F_x \delta x + F_{x'} \delta x' = (Px + Qx')\delta x + (Qx + Rx')\delta x',$$

$$\begin{aligned} \delta^2 F(x,\delta x) &= F_{xx}(\delta x)^2 + 2F_{xx'}\delta x \delta x' + F_{x'x'}(\delta x')^2 \\ &= P(\delta x)^2 + 2Q\delta x \delta x' + R(\delta x')^2, \end{aligned}$$

则

$$\begin{aligned} \delta J(x,\delta x) &= \int_{t_0}^{t_1} (F_x \delta x + F_{x'} \delta x') \mathrm{d}t \\ &= \int_{t_0}^{t_1} [(Px + Qx')\delta x + (Qx + Rx')\delta x'] \mathrm{d}t, \end{aligned}$$

$$\delta^2 J(x,\delta x) = \int_{t_0}^{t_1} [P(\delta x)^2 + 2Q\delta x \delta x' + R(\delta x')^2] \mathrm{d}t.$$

5.3.2　泛函的极值

1) 无约束极值

若泛函 $J(x)$ 在 x_0 处取极值,则显然 $f(\alpha) = J(x_0 + \alpha \delta x)$ 在 $\alpha = 0$ 处必有极值. 因此,$J(x)$ **在 x_0 处取极值的必要条件**是泛函 J 的一阶变分

$$\delta J(x_0,\delta x) = f'(0) = 0.$$

为了进一步简化极值的条件,我们引出 Euler 方程.

考虑含一阶导数的泛函

$$J(x)=\int_{t_0}^{t_1}F(t,x,x')\mathrm{d}t$$

的极值，其中 F 关于 t,x,x' 的一、二阶偏导数均连续. 假设函数 $x(t)$ 满足边界条件

$$x(t_0)=x_0,\quad x(t_1)=x_1,$$

$C^2[t_0,t_1]$ 中满足边界条件的函数构成泛函的一个容许集，泛函的极值点只需在它的容许集中考虑. 因此，对任意的容许函数 $x(t)$，$y(t)$，函数变分

$$\delta x=x(t)-y(t)$$

满足条件 $\delta x(t_0)=\delta x(t_1)=0$. 由 $\delta J(x,\delta x)=0$ 可得

$$\begin{aligned}\int_{t_0}^{t_1}(F_x\delta x+F_{x'}\delta x')\mathrm{d}t&=\int_{t_0}^{t_1}F_x\delta x\,\mathrm{d}t+\int_{t_0}^{t_1}F_{x'}\delta x'\,\mathrm{d}t\\&=\int_{t_0}^{t_1}F_x\delta x\,\mathrm{d}t+F_{x'}\delta x\Big|_{t_0}^{t_1}-\int_{t_0}^{t_1}\delta x\,\mathrm{d}F_{x'}\\&=\int_{t_0}^{t_1}F_x\delta x\,\mathrm{d}t-\int_{t_0}^{t_1}\left(\frac{\mathrm{d}}{\mathrm{d}t}F_{x'}\right)\delta x\,\mathrm{d}t\\&=\int_{t_0}^{t_1}\left(F_x-\frac{\mathrm{d}}{\mathrm{d}t}F_{x'}\right)\delta x\,\mathrm{d}t=0,\end{aligned}$$

由**变分引理**，可得

$$F_x-\frac{\mathrm{d}}{\mathrm{d}t}F_{x'}=0,$$

称该微分方程为泛函 J 的 Euler 方程. 它可以进一步写成

$$F_{x'x'}x''+F_{xx'}x'+F_{x't}-F_x=0.$$

所以，x_0 是泛函 J 的极值点的必要条件是 x_0 满足泛函 J 的 Euler 方程. 两个特殊情形下的 Euler 方程需要考虑一下.

首先，设 $F=F(t,x')$，即 F 不依赖于 x. 这时 $F_x=0$，Euler 方程变成

$$\frac{\mathrm{d}}{\mathrm{d}t}F_{x'}=0,\quad 即\quad F_{x'}=c.$$

其次，$F=F(x,x')$，即 F 不依赖 t. 于是，Euler 方程化成

$$F_{x'x'}x''+F_{xx'}x'-F_x=0,$$

由 $\frac{\mathrm{d}}{\mathrm{d}t}(F-x'F_{x'})=x'(F_x-F_{x'x'}x''-F_{xx'}x')=0$，Euler 方程化为

$$F-x'F_{x'}=c.$$

这两种情形的 Euler 方程都可以求出解析解.

例 5.3.3 求泛函

$$J(x)=\int_0^{\pi}([x'(t)]^2-2x(t)\cos t)\mathrm{d}t$$

满足边界条件 $x(0)=x(\pi)=0$ 的极值曲线.

解 由已知 $F(t,x,x')=(x')^2-2x\cos t, F_x=-2\cos t, F_{x'}=2x'$，则 Euler 方程为

$$x''+\cos t=0.$$

通解为 $x(t)=\cos t+c_1t+c_2$，代入边界条件可得所求曲线为 $x=\cos t+\dfrac{2t}{\pi}-1$.

例 5.3.4 求最速降线问题 $T=\dfrac{1}{\sqrt{2g}}\displaystyle\int_{x_A}^{x_B}\dfrac{\sqrt{1+(y')^2}}{\sqrt{y-a}}\mathrm{d}x$ 的解.

解 设 $F(x,y,y')=\dfrac{1}{\sqrt{2g}}\dfrac{\sqrt{1+(y')^2}}{\sqrt{y-a}}$，它的 Euler 方程为

$$F_y-\frac{\mathrm{d}}{\mathrm{d}x}F_{y'}=0.$$

由于 F 不依赖自变量 x，按上面的特殊情形，可得

$$F-y'\frac{\partial F}{\partial y'}=c,$$

即

$$\frac{1}{\sqrt{2g}}\frac{\sqrt{1+(y')^2}}{\sqrt{y-a}}-\frac{1}{\sqrt{2g}}\frac{(y')^2}{\sqrt{(y-a)(1+(y')^2)}}=\frac{1}{\sqrt{2g}}\frac{1}{\sqrt{(y-a)(1+(y')^2)}}=c,$$

所以

$$\sqrt{y-a}\ \sqrt{1+(y')^2}=\frac{1}{\sqrt{2g}c},$$

两边平方可得 $(y-a)(1+(y')^2)=\dfrac{1}{2gc^2}=c_1$.

令 $y'=\cot t$，代入上式可得

$$y-a=\frac{c_1}{1+\cot^2 t}=c_1\sin^2 t=\frac{c_1}{2}(1-\cos 2t),$$

从而 $\mathrm{d}x=\dfrac{\mathrm{d}y}{y'}=2c_1\sin^2 t\mathrm{d}t=c_1(1-\cos 2t)\mathrm{d}t$，积分可得

$$x=c_1\left(t-\frac{\sin 2t}{2}\right)+c_2.$$

令 $2t=\theta$，则有

$$\begin{cases} x=\dfrac{c_1}{2}(\theta-\sin\theta)+c_2, \\ y=\dfrac{c_1}{2}(1-\cos\theta)+a, \end{cases}$$

其中 c_1,c_2 可由边界条件确定. 该解实际上是一条旋轮线.

2）条件极值

考虑泛函

$$J=\int_{t_0}^{t_1}F(t,x_1,x_2,\cdots,x_n,x_1',x_2',\cdots,x_n')\mathrm{d}t$$

在条件 $x_k(t_0)=x_{k0}, x_k(t_1)=x_{k1}(k=1,2,\cdots,n)$ 及

$$\int_{t_0}^{t_1} G_i(t,x_1,x_2,\cdots,x_n,x'_1,x'_2,\cdots,x'_n)\mathrm{d}t=c_i,\quad i=1,2,\cdots,m(<n)$$

约束下的极值.

定理 5.3.2(Lagrange) 若函数 $x_1,x_2,\cdots,x_n$ 使泛函在上述约束条件下取极值,则必有常数因子 $\lambda_i(i=1,2,\cdots,m)$ 使得

$$\begin{aligned}I&=\int_{t_0}^{t_1} F(t,x_1,x_2,\cdots,x_n,x'_1,x'_2,\cdots,x'_n)\mathrm{d}t\\&\quad+\sum_{i=1}^{m}\lambda_i\int_{t_0}^{t_1} G_i(t,x_1,x_2,\cdots,x_n,x'_1,x'_2,\cdots,x'_n)\mathrm{d}t\\&=\int_{t_0}^{t_1} H(t,x_1,x_2,\cdots,x_n,x'_1,x'_2,\cdots,x'_n,\lambda_1,\lambda_2,\cdots,\lambda_m)\mathrm{d}t\end{aligned}$$

的 Euler 方程组

$$H_{x_i}-\frac{\mathrm{d}}{\mathrm{d}t}H_{x'_i}=0,\quad i=1,2,\cdots,n$$

成立.

证明 设 $x_1,x_2,\cdots,x_n$ 为问题的一组解.取

$$(y_1,y_2,\cdots,y_n)\in C^1[t_0,t_1]\times C^1[t_0,t_1]\times\cdots\times C^1[t_0,t_1]$$

使

$$\| x_i-y_i \|<\eta,\quad y_i(t_0)=x_{i0},\quad y_i(t_1)=x_{i1},\quad i=1,2,\cdots,n.$$

定义

$$\begin{aligned}J(\alpha_1,\alpha_2,\cdots,\alpha_n)=\int_{t_0}^{t_1} F(&t,x_1+\alpha_1\delta x_1,x_2+\alpha_2\delta x_2,\cdots,x_n+\alpha_n\delta x_n,\\&x'_1+\alpha_1\delta x'_1,x'_2+\alpha_2\delta x'_2,\cdots,x'_n+\alpha_n\delta x'_n)\mathrm{d}t,\end{aligned}$$

引入约束条件

$$\begin{aligned}J_i(\alpha_1,\alpha_2,\cdots,\alpha_n)&=\int_{t_0}^{t_1} G_i(t,x_1+\alpha_1\delta x_1,x_2+\alpha_2\delta x_2,\cdots,x_n+\alpha_n\delta x_n,\\&\qquad x'_1+\alpha_1\delta x'_1,x'_2+\alpha_2\delta x'_2,\cdots,x'_n+\alpha_1\delta x'_n)\mathrm{d}t\\&=c_i,\quad i=1,2,\cdots,m,\end{aligned}$$

则 $(\alpha_1,\alpha_2,\cdots,\alpha_n)=(0,0,\cdots,0)$ 是 $J_i(\alpha_1,\alpha_2,\cdots,\alpha_n)$ 在约束条件下的极值点.由多元函数 Lagrange 条件极值法,存在常数 $\lambda_1,\lambda_2,\cdots,\lambda_m$ 使

$$\frac{\partial}{\partial\alpha_k}\left[J(\alpha_1,\alpha_2,\cdots,\alpha_n)+\sum_{i=1}^{m}\lambda_i J_i(\alpha_1,\alpha_2,\cdots,\alpha_n)\right]\bigg|_{(\alpha_1,\alpha_2,\cdots,\alpha_n)=(0,0,\cdots,0)}=0,$$

其中 $k=1,2,\cdots,n$.记

$$\begin{aligned}&H(t,x_1,x_2,\cdots,x_n,x'_1,x'_2,\cdots,x'_n,\lambda_1,\lambda_2,\cdots,\lambda_m)\\&=F(t,x_1,x_2,\cdots,x_n,x'_1,x'_2,\cdots,x'_n)\\&\quad+\sum_{i=1}^{m}\lambda_i G_i(t,x_1,x_2,\cdots,x_n,x'_1,x'_2,\cdots,x'_n),\end{aligned}$$

则有

$$H_{x_k}-\frac{\mathrm{d}}{\mathrm{d}t}H_{x'_k}=0,\quad k=1,2,\cdots,n. \qquad \square$$

例 5.3.5(等周问题)　假设无重点的 Jordan 曲线 C 的方程为

$$\begin{cases}x=x(t),\\ y=y(t),\end{cases}\quad 0\leqslant t\leqslant t_0,$$

它的弧长等于常数 L,试求曲线使得所围面积最大.

解　弧长

$$L=\int_0^{t_0}\sqrt{(x')^2+(y')^2}\,\mathrm{d}t,$$

又曲线 C 所包围的面积为

$$S=\frac{1}{2}\oint_C(x\mathrm{d}y-y\mathrm{d}x)=\frac{1}{2}\int_0^{t_0}(xy'-x'y)\mathrm{d}t,$$

作辅助泛函

$$I=\int_0^{t_0}\left(\frac{1}{2}xy'-\frac{1}{2}x'y+\lambda\sqrt{(x')^2+(y')^2}\right)\mathrm{d}t,$$

则其 Euler 方程组为

$$\begin{cases}\dfrac{1}{2}y'+\dfrac{1}{2}y'-\lambda\dfrac{\mathrm{d}}{\mathrm{d}t}\dfrac{x'}{\sqrt{(x')^2+(y')^2}}=0,\\ -\dfrac{1}{2}x'-\dfrac{1}{2}x'-\lambda\dfrac{\mathrm{d}}{\mathrm{d}t}\dfrac{y'}{\sqrt{(x')^2+(y')^2}}=0.\end{cases}$$

对上面方程积分可得

$$\begin{cases}x-c_1=-\lambda\dfrac{y'}{\sqrt{(x')^2+(y')^2}},\\ y-c_2=\lambda\dfrac{x'}{\sqrt{(x')^2+(y')^2}},\end{cases}$$

即$(x-c_1)^2+(y-c_2)^2=\lambda^2$. 所以 C 是一个圆,其半径应为$\dfrac{L}{2\pi}$.

例 5.3.6　设信息源 x 在$(-\alpha,\alpha)$上变化,求 x 的分布 $p(x)$,使它的信息熵

$$J(p)=-\int_{-\alpha}^{\alpha}p(x)\log_2 p(x)\mathrm{d}x$$

在条件$\int_{-\alpha}^{\alpha}p(x)\mathrm{d}x=1$下取极大值.

解　作辅助泛函

$$\begin{aligned}I&=\int_{-\alpha}^{\alpha}[-p(x)\log_2 p(x)+\lambda p(x)]\mathrm{d}x\\ &=\int_{-\alpha}^{\alpha}H(x,p(x),\lambda)\mathrm{d}x,\end{aligned}$$

其 Euler 方程为

$$H_p - \frac{\mathrm{d}}{\mathrm{d}x}H_{p'} = 0,$$

即

$$-\log_2 p(x) - \log_2 \mathrm{e} + \lambda = 0,$$

令 $c = \lambda - \log_2 \mathrm{e}$,解得 $p(x) = 2^c$. 再由$\int_{-\alpha}^{\alpha} p(x)\mathrm{d}x = 1$,可得 $p(x) = 2^c = \frac{1}{2\alpha}$.

例 5.3.7 设连续随机变量 X 的均值为 μ,方差为 σ^2,证明:当 X 服从正态(高斯)分布时,它的微熵最大.

证明 记 X 的概率分布函数为 $p_X(x)$,它的微熵为

$$h(p_X) = -\int_{-\infty}^{\infty} p_X(x) \log_2 p_X(x)\mathrm{d}x.$$

由已知

$$\int_{-\infty}^{\infty} p_X(x)\mathrm{d}x = 1, \quad \int_{-\infty}^{\infty} (x-\mu)^2 p_X(x)\mathrm{d}x = \sigma^2, \quad \int_{-\infty}^{\infty} x p_X(x)\mathrm{d}x = \mu,$$

作 Lagrange 泛函

$$f(p_X) = h(p_X) + \lambda_1 \int_{-\infty}^{\infty} p_X(x)\mathrm{d}x + \lambda_2 \int_{-\infty}^{\infty} x p_X(x)\mathrm{d}x$$

$$+ \lambda_3 \int_{-\infty}^{\infty} (x-\mu)^2 p_X(x)\mathrm{d}x, \quad \lambda_1, \lambda_2, \lambda_3 \in \mathbf{R},$$

则

$$H(x) = -p_X(x)\log_2 p_X(x) + \lambda_1 p_X(x) + \lambda_2 x p_X(x) + \lambda_3 (x-\mu)^2 p_X(x),$$

其 Euler 方程为

$$-\log_2 p_X(x) - \log_2 \mathrm{e} + \lambda_1 + \lambda_2 x + \lambda_3 (x-\mu)^2 = 0,$$

可得 $p_X(x) = a \cdot 2^{b(x-c)^2}$. 再由约束条件可算得

$$a = \frac{1}{\sqrt{2\pi}\sigma}, \quad b = -\frac{\log_2 \mathrm{e}}{\sigma^2}, \quad c = \mu,$$

所以 $p_X(x) = \frac{1}{\sqrt{2\pi}\sigma}\mathrm{e}^{-(x-\mu)^2/\sigma^2}$.

例 5.3.8 求悬于 A,B 两点,长度为 L 的柔软、均匀绳索在重力作用下的形状.

解 设 A,B 的坐标分别为(x_0, y_0),(x_1, y_1),$x_0 \neq x_1$. 由物理知道,在平衡情况下绳索的重心最低. 设绳索悬线的方程为 $y = y(x)$,则

$$L = \int_{x_0}^{x_1} \sqrt{1+(y')^2}\,\mathrm{d}x,$$

重心位置为

$$P(y)=\frac{1}{L}\int_{x_0}^{x_1} y\sqrt{1+(y')^2}\,\mathrm{d}x,$$

所以,这是一个泛函约束变分问题.令辅助泛函为

$$\int_{x_0}^{x_1}(y+\lambda)\sqrt{1+(y')^2}\,\mathrm{d}x,$$

记 $H=(y+\lambda)\sqrt{1+(y')^2}$,其不含 x,则 Euler 方程可化为

$$H-y'\frac{\partial H}{\partial y'}=c,$$

即

$$(y+\lambda)\sqrt{1+(y')^2}-\frac{(y+\lambda)(y')^2}{\sqrt{1+(y')^2}}=c,$$

$$y+\lambda=c\sqrt{1+(y')^2}.$$

令 $y'=\mathrm{sh}t$,代入上式可得 $y=-\lambda+c\mathrm{ch}t$,而

$$\mathrm{d}x=\frac{\mathrm{d}y}{y'}=\frac{c\mathrm{sh}t\mathrm{d}t}{\mathrm{sh}t}=c\mathrm{d}t,$$

所以 $x=ct+c_1$,消去 t 可得

$$y=c\,\mathrm{ch}\frac{x-c_1}{c}-\lambda,$$

其中 c,c_1,λ 可由初始条件和约束条件决定.

例 5.3.9 设曲线 $y=y(x)$ 过点 $A(0,0)$,$B(\pi,0)$ 且使泛函

$$J=\int_0^\pi (y')^2\mathrm{d}x$$

在条件 $\int_0^\pi y^2\mathrm{d}x=1$ 下取极小值,求此曲线方程.

解 令 $I=\int_0^\pi((y')^2+\lambda y^2)\mathrm{d}x$,其 Euler 方程为

$$\lambda y-y''=0,$$

边界条件为 $y(0)=0$,$y(\pi)=0$.

当 $\lambda\geqslant 0$ 时,无符合边界条件的解.当 $\lambda<0$ 时,Euler 方程的通解为

$$y=c_1\cos\sqrt{-\lambda}x+c_2\sin\sqrt{-\lambda}x,$$

由边界条件,有

$$y(0)=c_1=0,\quad y(\pi)=c_1\cos\sqrt{-\lambda}\pi+c_2\sin\sqrt{-\lambda}\pi=0.$$

所以取 $\lambda=-k^2(k=\pm 1,\pm 2,\cdots)$,$y=c_2\sin kx$.由 $\int_0^\pi y^2\mathrm{d}x=1$,可得 $c_2=\pm\sqrt{\frac{2}{\pi}}$.

所以,极值曲线为

$$y=\pm\sqrt{\frac{2}{\pi}}\sin kx,\quad k=\pm 1,\pm 2,\cdots.$$

另外，对具有函数约束条件的泛函条件极值问题，还有类似的 Lagrange 条件.

定理 5.3.3(Lagrange)　设泛函

$$J=\int_{t_0}^{t_1}F(t,x_1,x_2,x_1',x_2')\mathrm{d}t$$

具有约束条件 $\Phi(t,x_1,x_2)=0$. 若函数 $\tilde{x}_1,\tilde{x}_2$ 满足该约束条件使泛函 J 取极值且

$$\left.\frac{\partial\Phi}{\partial x_1}\right|_{(\tilde{x}_1,\tilde{x}_2)}\quad 和\quad \left.\frac{\partial\Phi}{\partial x_2}\right|_{(\tilde{x}_1,\tilde{x}_2)}$$

不全为零，则存在函数因子 $\lambda(t)$ 使

$$\begin{aligned}I&=\int_{t_0}^{t_1}[F(t,x_1,x_2,x_1',x_2')+\lambda(t)\Phi(t,x_1,x_2)]\mathrm{d}t\\&=\int_{t_0}^{t_1}H(t,x_1,x_2,x_1',x_2',\lambda)\mathrm{d}t\end{aligned}$$

在 $x_1=\tilde{x}_1,x_2=\tilde{x}_2$ 处取极值，即 $\tilde{x}_1,\tilde{x}_2$ 满足

$$H_{x_1}-\frac{\mathrm{d}}{\mathrm{d}t}H_{x_1'}=0,\quad H_{x_2}-\frac{\mathrm{d}}{\mathrm{d}t}H_{x_2'}=0.$$

这里略去该定理的证明.

习题 5

1. 定义泛函 $f:C[0,1]\to\mathbf{R}$ 为

$$f(x)=\int_0^1 x^2(t)\mathrm{d}t,\quad x(t)\in C[0,1],$$

试求 Fréchet 导数 $f'(x)$.

2. 求下列函数的一阶变分：

(1) $I=\int_0^a\frac{x^2y}{1+(y')^2}\mathrm{d}x$;

(2) $I=\int_0^T(x^2+tx')\mathrm{d}t$.

3. 求下列泛函的极值曲线：

(1) $I=\int_0^1[(y')^2+yy'+12xy]\mathrm{d}x,y(0)=y(1)=0$;

(2) $I=\int_0^1(\mathrm{e}^{x+y}-y-\sin x)\mathrm{d}x,y(0)=0,y(1)=1$.

参考文献

[1] 程其襄,张奠宙,胡善文,等. 实变函数与泛函分析基础[M]. 4 版. 北京:高等教育出版社,2019.
[2] Conway J B. A Course in Functional Analysis[M]. New York:Springer-Verlag, 1985.
[3] Heuser Harro G. Functional Analysis[M]. New York:John Wiley & Sons,1982.
[4] Mallat S. 信号处理的小波导引[M]. 杨力华,戴道清,黄文良,等译. 北京:机械工业出版社,2002.
[5] 范达. 应用泛函分析[M]. 北京:高等教育出版社,1993.
[6] Daubechies I. 小波十讲[M]. 贾洪峰,译. 北京:人民邮电出版社,2017.
[7] 王日爽. 泛函分析与最优化理论[M]. 北京:北京航空航天大学出版社,2003.
[8] 王建举. 泛函分析与最优理论[M]. 厦门:厦门大学出版社,1991.
[9] 崔锦泰. 小波分析导论[M]. 程正兴,译. 西安:西安交通大学出版社,1995.
[10] 黄振友. 泛函分析[M]. 南京:东南大学出版社,2019.
[11] 黎永锦. 泛函分析讲义[M]. 北京:科学出版社,2011.
[12] 胡适耕. 泛函分析[M]. 北京:高等教育出版社,2001.
[13] 邹谋炎. 反卷积和信号复原[M]. 北京:国防工业出版社,2001.
[14] 汪学刚,张明友. 现代信号理论[M]. 2 版. 北京:电子工业出版社,2005.
[15] 欧斐君,梁建华. 变分法及其应用[M]. 西安:陕西科技出版社,1987.
[16] 张贤达. 矩阵分析与应用[M]. 北京:清华大学出版社,2004.
[17] 李庆扬,等. 数值分析[M]. 武汉:华中理工大学出版社,1982.
[18] Kreyszig E. 泛函分析引论及应用[M]. 张石生,张业才,张茂才,等译. 重庆:重庆出版社,1986.
[19] Percival D B,Walden A T. Spectral Analysis for Physical Applications[M]. Cambridge:Cambridge University Press,1993.
[20] Slepian D,Pollak H O. Prolate Spheroidal Wave Functions,Fourier Analysis and Uncertainy-I[J]. Bell System Technical Journal,1961(40):43 - 63.